LES

ASSOCIATIONS ET SYNDICATS MINIERS

EN ALLEMAGNE

ET

PRINCIPALEMENT EN WESTPHALIE

PAR

E. GRUNER

INGÉNIEUR CIVIL DES MINES, ANCIEN ÉLÈVE DE L'ÉCOLE POLYTECHNIQUE

PARIS
IMPRIMERIE ET LIBRAIRIE CENTRALES DES CHEMINS DE FER
IMPRIMERIE CHAIX
SOCIÉTÉ ANONYME AU CAPITAL DE SIX MILLIONS
Rue Bergère, 20
1887

LES

ASSOCIATIONS ET SYNDICATS MINIERS

EN ALLEMAGNE

ET

PRINCIPALEMENT EN WESTPHALIE

PAR

E. GRUNER

INGÉNIEUR CIVIL DES MINES, ANCIEN ÉLÈVE DE L'ÉCOLE POLYTECHNIQUE

PARIS

IMPRIMERIE ET LIBRAIRIE CENTRALES DES CHEMINS DE FER

IMPRIMERIE CHAIX

SOCIÉTÉ ANONYME AU CAPITAL DE SIX MILLIONS

Rue Bergère, 20

1887

ASSOCIATIONS ET SYNDICATS MINIERS

EN ALLEMAGNE

ET

PRINCIPALEMENT EN WESTPHALIE

L'un des faits caractéristiques de l'organisation allemande actuelle, c'est l'existence des associations *(Verein)*, qui groupent ceux qui ont des intérêts, des souvenirs, des aspirations communes. Le nombre de ces associations est presque indéfini; leur action est des plus puissantes, car elle s'étend sur toutes les classes de la société.

Les collégiens qui ont été élevés dans un même gymnase, les étudiants qui sont sortis d'une même université, les hommes qui ont servi dans le même régiment, se réunissent, chaque année, à jour fixe, et resserrent, par des discours et des fêtes, les liens qui unissent toutes les générations qui ont suivi la même voie. L'influence de la Société des Naturalistes allemands qui tient chaque année, depuis 60 ans, ses assises sur un point différent des pays de langue allemande, n'a pas peu contribué à réchauffer dans les classes instruites l'enthousiasme germanique; et les associations guerrières *(Krieger Verein)* agissent puissamment sur les masses populaires en renouvelant, année après année, à chaque anniversaire, les souvenirs glorieux ou néfastes.

Ces associations si diverses, comme toutes celles qui groupent les industriels, les négociants d'une même région ou de tout l'empire, se modifient peu à peu dans leur forme, dans leur mode d'action; mais elles ont toutes une origine commune dans les antiques corporations.

Tandis qu'en France, la Révolution a brusquement brisé ces organismes vieillis, et les a si complètement disloqués, les a frappés d'une réprobation si vive qu'aujourd'hui encore les intérêts communs ont beaucoup de peine à se grouper, tout autre est la situation en Allemagne.

Il y a trente ans encore, le régime des corporations obligatoires subsistait en Prusse; et il a fallu la loi sur l'organisation de l'industrie *(Gewerbe-Ordnung)* de 1869 pour dégager l'industrie allemande de beaucoup de chaînes qui pesaient sur elle; cette loi eut principalement pour but de ramener les anciennes corporations au simple rôle d'institutions de bienfaisance; désormais, toute personne put exercer librement un métier quelconque; elle ne trouva dans l'ancienne corporation modifiée qu'un groupe dont le recrutement est libre et qui gère dans l'intérêt commun de bienfaisance les biens qui ont été accumulés autrefois.

A peine cette loi venait-elle d'être promulguée qu'éclatait la guerre de 1870, qui a été suivie d'une crise industrielle et économique si grave en Allemagne. Au milieu de ces difficultés, en face de cette concurrence sans bornes entre ouvriers d'un même corps de métiers, le retour au moins partiel vers le passé fut prôné; et saisissant habilement ce moment d'affolement qui atteignait même les esprits les plus libéraux, le prince de Bismark rétablit en 1879 les barrières douanières, et fit voter en 1881 une loi modifiant la loi d'industrie *(Gewerbe-Ordnung)* et rétablissant les corporations. Ces corporations nouvelles n'ont pas le caractère obligatoire des anciennes; mais l'appui du gouvernement est si nettement favorable à ceux qui ont la tendance à revenir au passé que la liberté individuelle disparaît de plus en plus en face de ces associations qui se réorganisent sur bien des points.

Un projet de loi actuellement en discussion au Reichstag tend, par une voie détournée, à rétablir le caractère obligatoire des corporations nouvelles *(Innungen)*. Les artisans et patrons ne sont pas encore obligés de faire partie de la corporation, mais ils peuvent être contraints par l'administration supérieure à contribuer aux frais d'entretien des établissements professionnels (écoles, hospices, etc.) créés par la corporation dans un but d'intérêt commun.

C'est un premier pas vers le rétablissement de la corporation obligatoire; les partisans du retour au passé le savent et tracent déjà dans
leurs journaux la voie dont ne pourra plus s'écarter le gouvernement.

Les *corporations d'assurances contre les accidents*, dont nous avons étudié,
il y a quelques mois, la création et l'organisation, ont pu naître et se
constituer rapidement sur tout le territoire allemand, grâce à l'existence
de tous ces liens corporatifs, un moment relâchés en 1869, mais plus
puissants que jamais quoique sous des formes nouvelles. Elles n'ont pas
encore deux ans d'existence, et déjà certaines de ces corporations,
encouragées d'ailleurs par l'administration, visent à étendre leur rôle et
à intervenir dans les rapports économiques entre patrons et ouvriers.
Sous prétexte de réglementation pour prévenir les accidents, certaines
de ces corporations tendent visiblement à une limitation de la liberté
du recrutement des ouvriers et de l'admission de nouveaux patrons.

Les *syndicats industriels et commerciaux* si divers qui couvrent toute l'Allemagne ont eux aussi trouvé dans l'organisation ancienne tous les éléments nécessaires. C'est ce qui explique la facile et rapide constitution
en Allemagne de ces associations, alors qu'en d'autres pays leur formation est si difficile et leur fonctionnement si incertain.

Cette évolution industrielle, sur laquelle nous venons de jeter un
rapide coup d'œil, nous la suivons de même pour les mines en Allemagne. Nous voyons une période d'émancipation, datant de 1861, faire
place à l'ancienne organisation autoritaire; et ce n'est pas sans quelque
étonnement que nous voyons depuis peu s'accentuer un véritable retour
au passé sous la forme d'une tentative de limitation officielle et légale de
la production de chaque mine.

Il nous a paru intéressant d'étudier, avec quelques détails, ces diverses associations qui sont nées avec ou depuis l'émancipation administrative des mines et qui ont exercé une certaine influence sur le développement économique des mines allemandes, et, spécialement, des
mines de houille.

Nous n'hésiterons d'ailleurs pas à faire ressortir la distance considérable qui existe entre les espérances conçues et les résultats obtenus;
et nous chercherons à saisir les causes de ces échecs au moins par-
tiels.

Historique de l'organisation minière en Allemagne

Pendant toute la durée des siècles passés et jusqu'en 1861 même, l'exploitation des mines et le commerce de leurs produits étaient minutieusement réglementés en Allemagne; le plan d'exploitation était arrêté par les agents de l'État; le nombre d'ouvriers occupés, leurs salaires, le prix de vente des produits, tout était prescrit. L'absence de moyens de communication et les prohibitions douanières permettaient le maintien de ces vieilles pratiques, mais avec les progrès des voies ferrées et des idées libre-échangistes, il fallut renoncer au passé; et les lois du 21 mai 1860 et du 10 juin 1861 donnèrent enfin aux propriétaires des mines la libre gestion de leurs biens, sous la seule réserve de la surveillance technique.

Deux ans après (loi du 5 juin 1863), la gestion des caisses communes, jusqu'alors remise entièrement à l'État, était confiée aux groupes des propriétaires, sous le nom de *Bergbau-Hülfskasse* ou de *Berggewerkschaftskasse*; l'article 2 de cette loi (1) contient un paragraphe très court, mais dont l'importance a été et devient de plus en plus grande, car c'est en l'invoquant qu'on est arrivé à modifier complètement le rôle de ces associations. Cet article porte : « Les revenus de ces caisses doivent être » employés à protéger et à développer l'industrie minière, ainsi qu'à » soutenir les entreprises et établissements créés dans un but d'intérêt » général ou d'intérêt commun à la majorité des membres. »

A l'origine, ces associations n'avaient d'autre but que de gérer certaines entreprises d'intérêt commun, de construire et d'entretenir des routes, etc.; mais leur rôle s'est étendu; certaines de ces associations en sont venues maintenant à s'occuper de tous les intérêts généraux des mines et même à réglementer officiellement la production (2).

---

1. Voir le texte de cette loi, annexe n° 1, page 55.
2. Voir page 22.

Continuant sa marche progressive dans la voie de l'émancipation des mines, le gouvernement prussien promulgua, le 24 juin 1865, la *loi des mines* qui prit la place des nombreuses prescriptions qui remontaient souvent encore au moyen âge.

Cette loi nouvelle régla d'une façon très nette le fonctionnement des Sociétés de mines, et en particulier de la *Gewerkschaft* qui a été, pendant bien des années, la forme la plus habituellement employée pour grouper les intérêts des propriétaires de mines (1).

L'industrie minière par les lois successives de 1861, 1863, 1865 se trouvait donc plus émancipée que la petite industrie qui ne put qu'en 1869 rompre les liens des anciennes corporations; grâce à ces libertés successives et à l'ouverture des voies de communication, elle prit un grand développement, mais la concurrence étrangère devenait de plus en plus vive; malgré tous les sacrifices consentis pour améliorer les installations, malgré la diminution des frais généraux par tonne, obtenus par un surcroît continu de production, malgré tout, l'industrie minière souffrait. C'est alors que se formèrent, dans les différents bassins, les associations pour la défense des intérêts miniers (Verein für die Bergbaulichen Interessen); ces associations agirent sur les pouvoirs publics, créèrent sur certaines questions une véritable agitation de l'opinion et provoquèrent tour à tour la création des associations pour réglementer, puis pour limiter la production; des associations d'exportation, etc.

Beaucoup d'espérances basées sur ces associations ont été déçues; beaucoup des résultats escomptés à l'avance n'ont pas été obtenus; aussi, dans ces derniers temps, a-t-on vu se dessiner un double mouvement d'opinion :

Puisqu'une petite minorité d'indépendants suffit pour ôter tout effet utile à des associations ayant pour but de limiter la production, il faut faire appel à la loi pour imposer ces réductions;

Puisque la pratique indique que seules les grandes Compagnies minières peuvent prospérer, il faut, en quelque sorte, par mesure de salut public, former ces grandes Compagnies.

---

(1) Ce qui caractérise cette forme de société, c'est la division de la propriété en un certain nombre de parts (kuxe) soit cent, soit mille, qui sont appelées indéfiniment à verser de nouvelles sommes au fur et à mesure des besoins de la mine, c'est une société à responsabilité illimitée. Voir, à ce sujet, la traduction de la loi prussienne de 1865, dans les *Annales des Mines*, partie administrative, 6e série, tome VII, page 81.

Telles sont les phases successives par lesquelles ont passé, en Allemagne, les associations minières. Nous nous proposons d'étudier rapidement :

1° *L'origine et les transformations successives de la Caisse des mines de Westphalie* (Berggewerkschaftskasse);

2° *L'organisation et le fonctionnement des associations pour la défense des intérêts miniers* (Verein für die Bergbaulichen Interessen);

3° *Les formes successives sous lesquelles se sont organisées les associations destinées à régler ou à limiter la production et celles destinées à centraliser la vente*;

4° *Les efforts tentés en vue de développer le commerce d'exportation*;

5° *Les études préparatoires faites pour arriver à la formation de grandes Compagnies houillères par le groupement des concessions actuelles*;

6° Nous étudierons, en finissant, le projet tout récent de constitution d'une *Compagnie commerciale de vente de la production houillère de toute la Westphalie*.

Avant d'entrer dans le fond même de cette étude, nous jetterons un rapide coup d'œil sur le développement de l'industrie minière en Allemagne, et, par quelques chiffres, nous indiquerons les progrès réalisés et nous les comparerons aux progrès obtenus dans le même laps de temps en Angleterre et en France.

Statistique de l'industrie houillère en Allemagne.

Les cinq tableaux ci-joints, pages 50 à 54 et les graphiques qui les résument (planches I à IV), permettent de suivre pendant une période de vingt ans les variations des principaux éléments qui caractérisent la production des combustibles minéraux en Allemagne et de comparer ces variations à celles correspondantes en France et en Angleterre.

La Prusse publie depuis de longues années des statistiques très complètes de la production de ses mines et usines, qui paraissent dans le *Journal des mines* (1); les autres parties de l'Allemagne n'ont pas, à notre connaissance, adopté de cadres uniformes pour leurs statistiques; de sorte qu'il est souvent difficile de retrouver pour l'Allemagne entière

---

(1) Zeitschrift für Berg, Hütten-und Salinen-Wesen. Berlin.

certains des éléments fournis par les statistiques prussiennes si complètes depuis longtemps, comme, par exemple, la production par homme et par an ; cependant la plupart des éléments se retrouvent, soit dans les Monats-Hefte, soit dans le Jahrbuch de la statistique de l'Empire allemand.

Le *Tableau n° III* montre, de 1865 à 1885, le développement de la production des combustibles minéraux pour l'Allemagne entière et pour la Prusse, comparativement à l'Angleterre et à la France. (Pl. I.)

En 1865, sur 28 millions et demi de tonnes de combustibles minéraux produits en Allemagne, 23 millions et demi provenaient de la Prusse.

Ainsi, les États allemands non compris dans le royaume de Prusse produisaient cinq millions de tonnes de houilles et lignites, soit environ 17 0/0 de la production totale.

En 1885, sur 73 millions et demi de tonnes de combustibles minéraux produits dans tout l'Empire allemand, **65 millions** provenaient de la Prusse.

La production des divers États non compris dans le royaume de Prusse. est montée, en 20 ans, de 5 millions à 8 millions et demi de tonnes; mais malgré cette augmentation la proportion afférente aux pays en dehors de la Prusse a diminué et n'atteint plus tout à fait 12 0/0.

La production totale de l'Allemagne en combustibles minéraux est passée, de 1865 à 1885, de 28 millions et demi à 73 millions et demi de tonnes, elle a donc presque *triplé;* tandis que, dans le même laps de temps, la production de la France n'a pas tout à fait *doublé* en s'élevant de 11,600,000 tonnes à 19 millions et demi de tonnes, et que celle de l'Angleterre a augmenté de 50 0/0, ainsi que l'indique le tableau ci-dessous :

	1865.	1885.
Allemagne.	28.500.000	73.700.000
France.	11.600.000	19.500.000
Angleterre.	98.000.000	160.000.000

Le *Tableau n° I* permet de suivre, pour la Prusse, l'accroissement annuel d'une part pour les *lignites,* et d'autre part pour la *houille* dans les quatre grands districts miniers. (Pl. I.)

L'importance relative des différents bassins houillers allemands a peu varié depuis 1865, ainsi que le montre le tableau comparatif ci-après :

PRODUCTION PAR BASSINS.

	En 1865. 0/0	En 1885. 0/0
Westphalie	48	55.5
Haute-Silésie	23	24
Saar	15	12
Basse-Silésie	6.5	5.5
Divers Bassins	7.5	3
	100	100

Il est à remarquer cependant que la Westphalie a pris une importance décidément tout à fait prépondérante, tandis que le bassin houiller de la Saar et les petits bassins secondaires croissaient un peu moins rapidement.

Tandis qu'en Allemagne, les bassins houillers se développaient tous dans de fortes proportions, il n'en était pas de même en France où le bassin houiller jadis le plus important, celui de la Loire, ne dépassait un peu la production atteinte en 1865 que pour descendre notablement en dessous en 1885.

Il peut paraître intéressant d'opposer au tableau ci-dessus le même tableau comparatif pour la France :

PRODUCTION PAR BASSINS.

	En 1865.	En 1885.
Nord et Pas-de-Calais	29.5	50
Loire	26	15.5
Gard	10.5	9
Bourgogne et Nivernais	⎫	7.5 ⎫
Aveyron et Tarn	⎪ 34	5.5 ⎪ 25.5
Bourbonnais	⎪	4.5 ⎪
Divers Bassins	⎭	8 ⎭
	100	100

Ainsi, en face des besoins sans cesse croissants de combustibles, le bassin houiller du Nord a pu seul, en France, prendre un développement considérable; sa production a passé de 3,450,000 tonnes en 1865 à 10 millions 450,000 tonnes en 1886 ; dans le même laps de temps, la production du bassin houiller de la Loire est tombée de 3,045,000 à 2,841,000 tonnes et celle du Gard n'est montée que de 1,238,000 tonnes à 1,741,000 tonnes. (Pl. II.)

Les graphiques ci-joints permettent d'embrasser d'un coup d'œil ces accroissements de production dans l'un et l'autre pays.

Aucun des bassins houillers allemands ne semble encore près d'atteindre son maximum de production; c'est le manque de débouchés qui arrête seul, depuis deux ans, l'essor de l'exploitation.

Tout autre est la situation en France ; le bassin houiller du Nord peut seul, pendant quelque temps encore, développer sa production dans de fortes proportions. La France n'a donc devant elle qu'un avenir limité comme houillères ; aussi est-il permis de se demander s'il est juste de déplorer si vivement l'importation d'une certaine proportion de houilles étrangères et s'il n'est pas sage de ménager cette richesse minérale qui sera malheureusement trop vite tarie.

Le *Tableau n° II* et la première partie du *Tableau n° III* montrent que dans l'un et l'autre pays les progrès de l'art des mines ont permis d'obtenir plus de travail utile par homme et par an. (Pl. III.)

Tandis qu'en France, la production de 140 à 150 tonnes de houille par homme et par an, a pu enfin depuis 1880 monter à 180 et 190 tonnes, pour l'ensemble de la Prusse, la production qui était déjà en 1865 de 200 à 210 tonnes a pu atteindre 270 à 280 tonnes en 1885.

C'est donc pour la France une augmentation de production, par homme et par an, d'environ 40 tonnes.

En Prusse elle est de 80 tonnes.

On comprend l'influence de cette différence sur le prix de revient dans les deux pays, surtout si l'on tient aussi compte de tous les autres éléments qui contribuent en France à élever le prix de revient.

En Angleterre, la production par homme et par an a subi de fréquentes variations par suite des modifications que les grèves ont apportées dans les conditions de travail.

On remarquera que la production par homme et par an, très forte dès 1860, 309 tonnes, a fléchi vers 1875 jusqu'à 232 tonnes, mais est remontée depuis 1881 au même chiffre de 305 à 310 tonnes.

Le même *Tableau n° II* montre un autre progrès auquel les Allemands attachent une très grande importance et qu'ils mettent nettement en lumière dans leurs statistiques, tandis que les nôtres n'en tiennent pas compte malheureusement ; c'est la production *par mine*. C'est là un élément d'une importance extrême pour la question du prix de revient.

Le gouvernement prussien l'avait compris de bonne heure et l'avait réalisé dans ses mines domaniales de la Saar.

Là, dès 1865, la production par mine était déjà de 164,000 tonnes ; en 1885, elle est montée à 518,000 tonnes. Il est bon de noter qu'à Saarbrück, la mine, qui est prise pour unité, comprend plusieurs puits formant un seul siège d'exploitation et dont les uns servent à l'extraction, d'autres à l'aérage, à l'épuisement, etc.

Dans les autres bassins, le fractionnement des concessions a longtemps empêché les fortes productions par siège d'exploitation, dont la plupart ont été réduits à n'avoir qu'un puits commun à tous les services ; mais des progrès considérables ont été réalisés depuis quelques années ; ainsi, en Haute-Silésie, la production par mine a passé de 47,300 tonnes en 1865 à 122,300 tonnes en 1885 (1).

C'est surtout sur la Westphalie qu'il convient d'arrêter notre attention ; car c'est sous tous les rapports le rival le plus redoutable pour notre propre industrie minière. (Pl. IV.)

La production de ce bassin n'a crû que lentement de 1820 à 1850 ; en trente ans, elle n'a pas même quadruplé en passant de 450,000 à 1,800,000 tonnes ; après une croissance assez rapide de 1850 à 1855, la production subit un nouveau temps d'arrêt de 1855 à 1860, mais depuis ce moment-là la croissance est de plus en plus rapide.

---

(1) En France, des progrès sérieux ont aussi été faits dans cette voie, surtout dans le *Pas-de-Calais* nous trouvons pour 1886 les résultats suivants, qui sont non par siège d'exploitation, mais par puits :

COMPAGNIES :	NOMBRE DE PUITS NOMBRE	PRODUCTION PAR PUITS TONNES
Bruay.	4	171.567
Lens.	9	130.948
Nœux.	7	128.935
Courrières.	7	122.784
Bully-Grenay.	6	120.211
Liévin.	4	118.120
Dans le *Nord*, nous trouvons :		
Anzin.	20	116.872
Escarpelle.	5	84.000
Aniche.	8	77.668

Elle passe de 5 millions de tonnes en 1860,
à 12 — — 1870,
à 17 — — 1875,
à 22 — — 1880,
à 29 — — 1885.

Augmentant ainsi, en moyenne, par année :

de 45.000 tonnes de 1830 à 1840,
de 75.000 — de 1840 à 1850,
de 300.000 — de 1850 à 1860,
de 700.000 — de 1860 à 1870,
de 1.000.000 — de 1870 à 1880,
de 1.400.000 — de 1880 à 1885.

Le nombre d'ouvriers n'a pas crû proportionnellement au tonnage ; bien loin de là, car depuis 1850, en 35 ans, la production par homme et par an a doublé.

Elle était, à cette époque-là, la même en Allemagne et en France ; en effet :

Elle est en 1850 de 138 tonnes par homme et par an,

Elle atteint en 1860, 160 tonnes par homme et par an,

Et monte en 1870 à 229 tonnes par homme et par an.

La production s'est maintenue pendant près de quinze ans (1862 à 1876) dans ces limites de 200 à 225 tonnes, fléchissant même en dessous de 200 tonnes pendant les années de préparation en vue du grand développement.

Puis, en quelques années, une fois ces grands travaux préparatoires achevés, la production par homme et par an montait de 1876 à 1880, de 220 à 290 tonnes.

Depuis cinq ans la production se maintient à ce chiffre de 285 tonnes.

Parallèlement à l'augmentation de la production par homme, se déve loppait la production par mine qui passait successivement :

de 10.000 tonnes en 1850,
à 16.600 — en 1860,
à 53.000 — en 1870,
à 115.000 — en 1880,
à 155.000 — en 1885

Parallèlement aussi se développait le gain journalier qui, pour ne prendre que les chiffres les plus récents,

passait de   830 francs en 1879,
à 1.000   —   en 1885.

Ainsi donc, le patron n'a pas seul intérêt à centraliser les travaux; l'ouvrier, lui aussi, trouve son avantage pécuniaire à travailler dans une mine puissamment outillée et à forte production.

Si nous voulons résumer en quelques mots cette statistique, nous dirons :

1º Production totale.

La production totale allemande est presque *quadruple* de la production française :

Allemagne,   75 millions de tonnes,
France,   20 millions,   —

et sur cette quantité, près des deux tiers sont produits le long de nos frontières, en Westphalie, en Lorraine et dans la Saar.

2º Production par homme. Production par mine.

Pour arriver à réaliser la production économique, les ingénieurs allemands tendent à centraliser l'exploitation de façon à diminuer les frais généraux, à faire rendre le maximum à chaque homme, comme aussi au capital immobilisé.

Les *Tableaux* nᵒˢ *IV* et *V* introduisent un autre élément de la question, la *valeur des combustibles*.

Le *Tableau* nᵒ *V*, en particulier, montre les variations de la valeur moyenne par tonne, soit des houilles, soit des lignites. Depuis huit ans, les houillères allemandes subissent un prix de vente qui n'est rémunérateur que pour des exploitations particulièrement bien situées et bien aménagées. C'est cette situation précaire qui explique tous ces efforts pour limiter la production et concentrer les travaux que nous nous proposons d'étudier dans les chapitres qui vont suivre.

Caisses communes des Mines.

(Berggewerkschaftskasse.)

Les mines, en P.russe, étaient jusque vers 1861 sous la direction immédiate et continue de l'État qui fixait les quantités à exploiter annuellement, le montant du salaire de chaque catégorie d'ouvriers, le prix de vente des produits, qui décidait même de l'embauchage des ouvriers.

Le droit de propriété des concessionnaires était donc singulièrement restreint.

C'était également l'État qui gérait les *Caisses communes* qui avaient été créées, à des époques plus ou moins anciennes, dans le but de soutenir différents établissements ou d'entreprendre certains travaux d'intérêt général.

Ces caisses communes portaient en Silésie le nom de *Bergbau-Hülfskasse*, et dans les autres parties de la Prusse le nom de *Berggewerkschaftskasse*; mais, sous ces noms différents, elles avaient à peu de chose près le même but et jouaient le même rôle. Il en existait six en Prusse vers 1863.

Une loi du 5 juin 1863 (1) rendit, à partir du 1er janvier 1864, la gestion de ces caisses aux propriétaires des mines, sous la surveillance continue, d'ailleurs, de l'administration supérieure des mines qui avait toujours le droit de désigner un commissaire pour assister à toutes les séances, et de se faire présenter tous les livres et registres. L'article 2 de cette loi, que nous avons déjà cité, définit d'une façon très large le but de ces associations, auxquelles l'État reconnaissait la personnalité civile : « Les revenus de ces caisses doivent être employés à » protéger et à développer l'industrie minière, ainsi qu'à soutenir les » établissements créés dans un but d'intérêt général ou d'intérêt com- » mun à la majorité des membres. »

---

(1) Voir le texte. Annexe n° 1, page 55.

Ainsi, au moment où l'État rendait peu à peu, par une série de lois successives, l'indépendance à l'industrie minière, il confirmait et consolidait ces associations qui formaient un lien entre les intérêts particuliers. Dès ce moment-là, en réglant la gestion en commun de ces associations qu'il aurait pu abandonner à elles-mêmes, l'État montrait l'importance qu'il attachait au maintien des liens qui unissaient les mines d'une même région. Il rendait (art. 3) la participation à ces associations obligatoires pour toutes les mines de la circonscription, et donnait au conseil le droit de percevoir les cotisations dont la quotité sera fixée pour chaque association par les statuts librement délibérés et votés par la majorité, sous réserve de l'approbation ministérielle (art. 2).

Le nombre de voix auquel a droit chaque membre est proportionnel au tonnage extrait l'année précédente ou à la valeur imposable des matières extraites (art. 9).

L'importance de ces différentes Caisses était très différente dès l'époque où eut lieu cette réorganisation. La plus importante fut celle constituée par la réunion, sous le nom de *Caisse des Mines de Westphalie*, des deux anciennes Caisses d'Essen-Werden, et de la Marche. C'est cette Caisse dont nous étudierons plus spécialement le fonctionnement à titre d'exemple. Nous verrons cette association étendre peu à peu son rôle, et par une interprétation toujours plus large donnée au texte de l'article 2 de la loi constitutive, citée plus haut, en arriver à devenir une puissance qui impose ses décisions aux minorités en faisant, au besoin, appel à l'autorité du gouvernement contre les insoumis.

Dès le siècle dernier, il existait dans les différents petits États qui ont formé la Westphalie, diverses corporations qui, sous le contrôle des autorités civiles et politiques, réglaient la répartition des ouvriers entre les différentes exploitations, fixaient la quotité des salaires, les prix de vente, etc.

Les propriétaires de mines ne pouvaient rien sans l'approbation de ces corporations, dont certaines possédaient des biens considérables.

Ces corporations avaient, d'ailleurs, assumé certaines charges d'intérêt général, telles qu'entretien de routes, de voies navigables, etc.

Lors de la transformation économique qui s'opéra à partir de 1850 et surtout de 1860, et de la promulgation des différentes lois qui faisaient succéder pour les mines un régime de liberté partielle et d'autonomie au régime autocratique et féodal ancien, l'organisation de ces corporations dut se modifier.

L'État prussien prétendit mettre la main sur les capitaux, à charge par lui d'assurer les services auxquels étaient appliquées ces anciennes fondations (1). Les propriétaires des mines protestèrent. Il en résulta un procès dans lequel les propriétaires des mines eurent gain de cause ; et tous les capitaux provenant de l'ancienne Caisse de Westphalie furent remis à une Caisse de nouvelle création qui prit le nom de *Caisse des Mines de Westphalie*, et fut formée par la fusion des Caisses de la Marche et d'Essen-Werden, reconnues par la loi du 5 juin 1863, et de cette ancienne Caisse que l'État avait prétendu abolir.

Cette Caisse dont les premiers statuts ont été homologués par le gouvernement le 15 avril 1864, a son siège à Bochum. Elle comprend toutes les mines, de quelque nature qu'elles soient, situées dans le vaste district de Dortmund.

Pendant bien des années, cette association s'en tint strictement à son rôle qui consistait à fonder et à entretenir dans le district des établissements, à subventionner ou même à diriger des recherches scientifiques d'intérêt général.

Ainsi elle créa :

1° Une bibliothèque technique considérable qu'elle ne cesse d'enrichir.

2° Un musée géologique et minéralogique pour lequel elle vient, l'an dernier, de construire de nouvelles galeries.

3° Un laboratoire de chimie.

4° Un établissement spécial pour l'essai des charbons.

5° Une école des mines destinée à former des employés secondaires géomètres, maîtres mineurs, etc.

Elle entreprit la préparation et la publication d'une carte à grande échelle en plus de quarante feuilles du bassin houiller de la Ruhr et publia successivement une série de coupes et de cartes générales à moindre échelle.

L'École des mines de Bochum et les autres établissements, situés tous à Bochum, sont sous la direction du docteur Schultz, l'un des hommes qui a le plus fait depuis vingt ans pour développer les associations et les entreprises d'intérêt général dans la région.

---

(1) Voir article 10 de la loi du 5 juin 1863, page 57.

3

L'école est depuis douze ans sous le patronage de la Caisse des mines.

Elle comprend deux divisions.

Dans la division supérieure, les cours ne durent qu'un an ; en 1886, 40 élèves ont été reçus sur 90 candidats.

Sur ces 40 élèves, 37 ont suivi antérieurement la division inférieure. L'âge moyen des élèves est de 25 ans 9 mois. La durée moyenne de leurs services antérieurs dans les mines est de 9 ans et demi. Onze élèves ont déjà été maîtres mineurs.

Dans la division inférieure, les cours durent deux ans ; il n'y a d'admission que tous les deux ans.

Pour la période 1884-1886, cette division ne comptait pas moins de 157 élèves répartis en trois classes distinctes.

En 1886, il a été reçu une nouvelle promotion qui n'a été que de 114 élèves sur 504 candidats.

L'âge moyen d'admission est de 23 ans 6 mois, et la durée des services antérieurs dans les mines est en moyenne de 8 ans.

La division supérieure compte 36 heures de classes par semaine ; au contraire, dans la division inférieure, il n'y a que 20 heures de classes, car chaque jour les élèves doivent aller travailler dans les mines pendant un demi-poste.

Cette école a donc un caractère très différent de nos écoles de maîtres mineurs ; elle reçoit des hommes déjà formés, après leur service militaire, et après un stage déjà prolongé dans les mines.

L'instruction a nécessairement un caractère plus pratique, puisqu'il s'adresse à des hommes qui, par leur âge, sont moins aptes aux études théoriques, mais qui aussi par leur expérience antérieure comprennent mieux la raison d'être de bien des prescriptions.

Depuis quelques années (8 à 9 ans) la Caisse des mines a voulu faire mieux encore pour répandre l'instruction technique dans la masse des ouvriers : elle a créé dans dix des principaux centres miniers de la région, des *écoles spéciales* où elle fait donner par une trentaine de maîtres une *instruction technique générale* à plus de 350 élèves.

Beaucoup de ceux qui se présentent à l'École des mines commencent par suivre ces cours.

Il est regrettable qu'en France nous n'ayons pas pour les mineurs une organisation de ce genre-là et que les essais, qui avaient été faits dans ce sens-là à Saint-Étienne, vers 1850, aient été abandonnés.

. Après avoir donné l'exemple et n'avoir pas su persévérer, il serait au moins à désirer que les exploitants français reprissent ces écoles qui, par quelques heures chaque jour, sans sortir l'homme de son milieu de travail, lui donnent les notions techniques les plus importantes.

A côté de l'*établissement spécial pour les essais ordinaires des charbons* (incinérations, calcinations, etc.), se trouve depuis plusieurs années un *laboratoire de recherches* dans lequel, sous la direction d'un chimiste distingué, sont faites les analyses les plus diverses des combustibles et de toutes les matières utilisées par le service des mines ou trouvées dans le cours des recherches.

Sous l'inspiration de la commission du grisou, ce laboratoire a fait une série de recherches sur les poussières charbonneuses et sur les produits consécutifs des explosions (coke, etc.).

Pour permettre de pousser plus loin les recherches, un chimiste spécial a été appelé à créer, en 1882, un *laboratoire exclusivement chargé des analyses de gaz*. Des prises d'air sont faites méthodiquement en différents points des mines, et les mesurages des quantités d'air sont ainsi contrôlés à de fréquents intervalles par des dosages des quantités de gaz carburés et autres contenus dans l'air.

Les méthodes diverses d'analyse des gaz sont soumises à une étude pratique contradictoire; et le personnel des différentes mines peut ainsi se former, sous la direction de ce chimiste, à la pratique de ces recherches délicates jusqu'ici peu connues quoique si importantes.

C'est aussi la Caisse des mines qui groupe les exploitants quand il s'agit d'organiser leur *participation à une exposition*. C'est elle qui a été la tête de l'exposition collective des mines de Westphalie qui a été si remarquée à Anvers, il y a deux ans.

Les frais ont été supportés en partie par chaque exposant, en partie par la Caisse elle-même.

Pour couvrir ces dépenses considérables, la Caisse des mines possède les revenus d'un important capital et a, par les statuts, depuis l'origine, le droit de prélever une cotisation obligatoire de 0,^{pf}2 par tonne (0 fr. 25 c. par 100 tonnes) de charbon extrait; ce qui donne actuellement un revenu ordinaire de plus de 70,000 francs.

Le capital est formé par 485,000 marcs de fonds placés et par un immeuble où sont l'École et les collections dont la valeur est portée pour 110,000 marcs. Le capital total que possède la Caisse des mines est donc d'environ 750,000 francs.

La gestion de ce vaste ensemble d'établissements est entre les mains d'un comité de neuf membres élus par l'assemblée générale des propriétaires des mines de Westphalie.

Telle était la puissance, tel était le rôle de cette association quand survint la crise, qui, depuis plusieurs années, a atteint dans son développement la métallurgie et par suite les mines.

La question de l'amélioration des voies de transports était agitée depuis longtemps ; les projets de création de voies navigables en Allemagne n'aboutissaient pas, et en particulier les projets d'un canal qui traverserait le bassin houiller de la Westphalie et irait de Dortmund et de Herne vers l'Ems inférieur et la mer du Nord en traversant le Hanovre, restaient toujours en suspens.

C'est alors que quelques personnes crurent trouver dans l'article 2 de la loi de 1863 le droit pour la Caisse des mines d'étendre son action et de ne plus se limiter à un rôle technique et scientifique.

L'assemblée générale de 1885 décida qu'à l'avenir, conformément à la loi jusqu'alors comprise dans un sens trop étroit, la Caisse des mines aurait à prendre en mains la création et la direction d'entreprises qui auraient en vue les *intérêts économiques* de tout ou partie des mines du district.

La majorité des intéressés trouvait ainsi dans la Caisse des mines un organe par l'intermédiaire duquel elle pouvait légalement intervenir et se faire entendre.

L'entreprise que tous avaient en vue était la création du grand canal de navigation. Mais il ne suffisait pas d'appuyer cette œuvre ; il fallait la subventionner ; aussi la majorité décida-t-elle de modifier les statuts et de doubler la cotisation ordinaire, en affectant spécialement cette nouvelle cotisation de 0,^{pf}2 par tonne à gager un emprunt qui permettrait à la Caisse d'offrir au gouvernement une subvention d'un million de marcs (1,250,000 fr.).

Du même coup, en perspective d'autres entreprises, le Conseil faisait voter le principe de *cotisations extraordinaires*, qui seraient prélevées sur l'excédent de production, par rapport à une production type que l'assemblée générale attribuerait comme maximum à chaque mine.

La ratification ministérielle ne se fit pas attendre, quoique une petite minorité fît opposition à ce changement de rôle de la Caisse des mines, et dès le 2 juillet 1885 la rédaction nouvelle des statuts, votée le 28 avril, fut homologuée.

Une fois engagé dans cette voie, le conseil de la Caisse des mines devait marcher rapidement, encouragé d'ailleurs par l'administration supérieure des mines.

Les statuts, d'après leur rédaction nouvelle, assignaient comme but à l'association : « La création et l'encouragement d'entreprises et d'œuvres » qui auraient en vue les intérêts économiques de tout ou partie des » mines du district ; » et donnaient comme moyen le droit de doubler la cotisation ordinaire et de percevoir des cotisations extraordinaires.

Comme nous le verrons plus loin (1), les résultats obtenus par le syndicat pour la réduction de la production, conclu pour la période du 1er juillet 1885 au 31 décembre 1886, étaient presque nuls ; les exceptions qui avaient dû être consenties pour satisfaire aux exigences de certains membres ôtaient beaucoup de leur efficacité aux clauses de réduction, et la pénalité convenue n'était pas un obstacle au développement de production de certains associés situés dans des conditions économiques spécialement avantageuses (2). Aussi les négociations en vue de renouveler pour cinq ans, à partir du 1er janvier 1887, cet accord n'aboutissaient pas par suite de l'opposition très vive d'une petite minorité.

C'est alors que la majorité des intéressés crut trouver dans la Caisse des mines l'instrument au moyen duquel elle pourrait légalement imposer ses volontés.

L'assemblée générale décida donc, conformément aux nouveaux statuts, que chaque mine subirait une réduction de 10 0/0 dans sa production, par rapport à la plus forte production obtenue par elle dans l'une des trois dernières années ; par suite des restrictions apportées à l'application de cette décision par les stipulations de l'article 6 des statuts, en faveur des mines se trouvant dans des conditions spéciales, la réduction effec-

---

(1) Voir page 28.

(2) Ainsi pour ne citer qu'un exemple, une Compagnie qui avait cependant adhéré au syndicat, a produit, en 1886, 75,206 tonnes de plus que ne le permettait la Convention ; elle est donc tenue, de ce fait, à verser à la Caisse syndicale une somme de 188,015 francs ; elle a trouvé avantage à subir cette amende plutôt que de réduire sa production ; elle estime en effet que cette cotisation obligatoire n'augmente que de 6 centimes son prix de revient et que l'augmentation résultant d'une réduction de production eût été notablement plus considérable.

tive ne serait, sur l'ensemble de la production du bassin de Westphalie, que de 2.83 0/0 par rapport à la production de 1886. Cette réduction ne sera d'ailleurs obtenue effectivement que si aucune mine ne
préfère payer l'amende plutôt que de réduire sa production.

La pénalité votée devait d'abord être de 20 0/0; mais, finalement, elle
a été ramenée à 15 0/0 de la valeur officiellement déclarée du charbon,
ce qui équivaut en 1887 à 0 fr. 80 par tonne de houille vendue.

Quant à l'emploi qui serait fait des produits de ces amendes, l'assemblée générale avait décidé qu'il serait ultérieurement statué à cet
égard.

Sur l'observation qui fut faite par le Ministre qu'il n'était pas régu-
lier de réunir un capital sans lui assigner d'emploi, et que d'ailleurs la
Caisse des Mines sortait de son rôle en poursuivant *comme but* une réduction de production, une nouvelle assemblée générale remit la question à
l'étude et chercha un biais pour arriver au but par une voie détournée.
Elle décida que la Caisse fonderait un hôpital pour les blessés et affec-
terait à cet usage les capitaux provenant d'une cotisation extraordinaire,
basée sur la production dépassant la production type prévue annuellement. Elle approuva de nouveaux statuts modifiés, dont nous donnons
plus loin le texte. Ces statuts ont été homologués le 1er mars 1887 par
le ministre, et depuis le 1er avril 1887, les décisions relatives à la limitation de la production sont obligatoires pour toute la Westphalie.

Dans les nouveaux statuts (1), le rôle de la Caisse des Mines est encore
étendu; il est défini par l'article 2 sous trois formes bien distinctes :

1° *Rôle technique*, entretien d'écoles, de laboratoires ; création de cartes,
de collections, etc.

Les dépenses qui en résultent sont couvertes par la cotisation ordinaire.

2° *Rôle économique*, subventions aux entreprises concernant tout ou partie des mines, et spécialement aux canaux de navigation.

Les dépenses sont couvertes par le doublement de la cotisation ordinaire.

3° *Rôle de bienfaisance et indirectement commercial*, création d'hôpitaux
pour les blessés ou de services d'inspection ayant pour but de diminuer
le nombre des accidents. Les fonds nécessaires sont constitués par la

---

(1) Voir ces statuts, annexe n° 2, page 58.

cotisation extraordinaire payée par tous ceux qui dépasseront la production type qui leur est assignée.

C'est en s'engageant très habilement dans la voie des secours aux blessés et invalides; c'est en affectant les fonds provenant des amendes à la création d'hôpitaux, que le conseil de la Caisse a fait admettre par le ministre cette nouvelle extension de puissance.

Ainsi, il y a vingt-cinq ans, l'État intervenait encore et limitait la production. Entraîné par les tendances libérales de l'époque, il rendit aux propriétaires leur complète liberté d'action; et depuis quelques mois par un singulier retour en arrière, voilà la liberté des exploitants de nouveau limitée légalement par les décisions de la majorité.

Depuis quelques années les exploitants se groupaient en associations libres qui avaient en vue de régulariser l'augmentation de production ; puis, plus tard, quand la crise devint plus vive de réduire la production. Les intéressés avaient compris que de pareilles associations ne pouvaient avoir d'action réelle que si elles groupaient au moins 90 0/0 de la production ; mais il était bien difficile d'y arriver, et pour attirer certains des intéressés, il fallait chaque année consentir des faveurs exceptionnelles qui ôtaient aux mesures prises beaucoup de leur efficacité.

Maintenant, par application des statuts nouveaux de la Caisse des Mines, la majorité des trois quarts des membres présents à l'assemblée générale peut imposer telle mesure qui lui convient. La minorité n'a qu'à se soumettre et à payer les amendes votées par la majorité, s'il ne lui plaît pas d'opérer les réductions de productions qui ont été décidées.

On est si habitué en Allemagne à faire bon marché des principes et du droit des minorités qu'on ne s'est guère arrêté à justifier la légalité de cette décision.

La majorité fait la loi; les exploitants dont les intérêts se trouvent lésés par cette décision n'ont qu'à se soumettre. Mais se soumettront-ils tous ? Cela ne semble pas probable; et il faut s'attendre à voir la Caisse des Mines obligée d'assigner certains exploitants et de justifier devant les tribunaux l'interprétation qu'elle a donnée à la loi de 1863. Tout peut donc être encore remis en question.

Mais au moins peut-on espérer que l'établissement de cette amende exercera une action réelle et diminuera effectivement la production ?

On peut en douter.

En effet, dans les anciennes conventions librement débattues, chacun des membres prenait l'engagement de réduire sa production d'une quantité déterminée et s'engageait de plus, accessoirement en quelque sorte, à payer une certaine amende par tonne, dans le cas où, par suite de certaines circonstances, il était amené à augmenter sa production.

Il y avait pour chacun un *engagement moral de réduire sa production* et, en créant ainsi une diminution dans l'offre, de chercher à relever les prix.

Maintenant, il n'y a plus aucun engagement réciproque de réduire la production ; il y a une *obligation de payer une cotisation* extraordinaire en cas de surproduction.

Aussi chacun conserve-t-il en réalité sa liberté : chacun est amené à se demander s'il a avantage à réduire sa production et par suite à augmenter ses frais généraux par tonne, ou à la forcer au contraire, quitte à ajouter l'amende comme un nouvel article dans les frais généraux. Bien des houillères semblent déjà faire ce raisonnement; car on constate qu'en avril et mai la production stipulée a été fortement dépassée. Il est vrai que les opposants exploitent sans plus tenir compte d'une décision dont ils nient la légalité et que certains exploitants disent encore qu'ils se rattraperont pendant la morte-saison. Évidemment tout dépendra de la situation industrielle générale.

Il y a donc lieu de penser que la production ne sera pas réduite; tout au plus le développement en sera-t-il enrayé partiellement; le relèvement des prix ne sera pas atteint; et cette mesure à peine légale, vexatoire contre plusieurs, n'aura pas plus d'effet que n'en ont produit les associations libres, que nous étudierons plus loin.

Ainsi, les unes après les autres, les tentatives en vue de restreindre la production manquent en grande partie leur but ; et les exploitants en Westphalie se trouvent dès maintenant acculés à la seule mesure réellement efficace, la formation d'un petit nombre de grandes compagnies d'exploitation entre lesquelles les conventions seront plus faciles à débattre et à exécuter (1).

Et, comme mesure transitoire, ils cherchent à constituer une grande société commerciale qui centralisera la vente de toute la production houillère de Westphalie (2).

(1) Voir page 39.
(2) Voir page 46.

Association pour la défense des intérêts miniers.

(Verein für die Bergbaulichen Interessen).

L'association pour la défense des intérêts miniers est formée par la libre adhésion de la plupart des exploitants du district de Dortmund.

Des associations du même genre existent dans les autres grands centres miniers ; mais l'association westphalienne étant de beaucoup la plus importante, nous étudierons spécialement son fonctionnement.

Cette association (1) est dirigée par un conseil de trente membres, élus en assemblée générale pour trois ans, avec renouvellement par tiers chaque année.

Le conseil désigne dans son sein une commission exécutive de sept membres et choisit un agent général qui est fondé de pouvoirs de l'association.

Cet agent est depuis de longues années le docteur Natorp, qui est en même temps député au Reichstag.

Le centre de l'association est à Essen ; mais son président est le docteur Hammacher, membre des plus influents du Reichstag, qui demeure à Berlin, où il est plus à même pour intervenir auprès des ministères et pour suivre les questions si multiples qu'il est appelé à traiter.

L'association a pour but d'agir en vue de soutenir et de protéger par tous les moyens possibles les intérêts généraux et spécialement les intérêts commerciaux des mines de Westphalie.

Le rapport annuel que publie le conseil donne, par la multiplicité des sujets auxquels il touche, une idée assez complète du rôle considérable que joue cette association.

Elle suit, année par année, les variations qui se produisent dans la production, dans le partage des transports entre les voies ferrées et fluviales, dans l'exportation par les diverses frontières.

L'agent de l'association, docteur Natorp, est appelé à siéger dans toutes les Commissions officielles, soit qu'il s'agisse de décider l'aug-

---

(1) Voir les *Statuts* de cette Association, annexe n° 3, page 65.

mentation du matériel roulant nécessaire d'une année à l'autre, soit qu'il s'agisse des modifications dans les tarifs de chemins de fer ou des améliorations à apporter dans la navigation du Rhin ou dans l'installation des ports d'embarquement.

L'association se tient sans cesse au courant des modifications apportées par les pays voisins dans leurs tarifs de chemins de fer, et dans leurs voies ferrées. Les améliorations introduites dans les ports étrangers pour faciliter l'embarquement des charbons ou le débarquement sont signalées, étudiées; et le conseil recherche ce qui peut être fait en Allemagne pour réagir et triompher de la concurrence étrangère.

Des sous-commissions sont nommées pour étudier les projets qui peuvent être d'un intérêt général.

Ainsi, par suite des affaissements consécutifs de l'exploitation, l'écoulement des eaux superficielles et des eaux d'épuisement devient de plus en plus difficile. Une commission prépare depuis plusieurs années un projet général de canalisation de la petite rivière l'Emscher, de façon à débarrasser le pays de ces eaux qui le transforment en un vaste marécage.

D'autres commissions étudient les projets de canal de navigation pour relier Dortmund au Rhin à Ruhrort, et d'autre part, Dortmund par Münster et Papenburg à l'Ems inférieur à travers tout le Hanovre, de façon à atteindre la mer du Nord sans traverser la Hollande.

Elle combine son action avec celle de la Caisse des mines que nous venons d'étudier; et c'est elle qui a très habilement poussé la Caisse des Mines à transformer ses statuts et à développer son rôle. Société libre, l'association pour la défense des intérêts miniers n'aurait pu imposer ses décisions à la minorité; elle a habilement attribué un sens tout nouveau à la loi en vertu de laquelle existe la Caisse des mines; et c'est l'association pour la défense des intérêts miniers qu'on retrouve sans cesse depuis deux ans derrière la Caisse des mines.

Dès 1879, l'association s'est mise à la tête d'un mouvement qui se dessinait en vue de régler la production.

Ces premiers syndicats ont été déjà étudiés, sous le nom de coalition de production, par M. G. Salomon, dans un intéressant article du *Journal des Économistes* (15 février 1885).

Nous nous proposons de passer rapidement en revue les formes successives de ces syndicats, dont la légalité au point de vue français nous semble incontestable.

Syndicats pour la limitation ou la réduction de la production en Westphalie.

En octobre 1879, à Dortmund, les exploitants formèrent un premier syndicat en vue de limiter la production ; il fallait arriver à grouper 90 0/0 de la production totale de façon à exercer une action réelle.

Une forte majorité adhéra de suite aux statuts qui avaient été préparés et discutés librement ; mais le *quorum* nécessaire n'était pas atteint et pour arriver à décider les hésitants, il fallut consentir des clauses exceptionnelles, des dérogations aux stipulations générales.

La convention n'était faite que pour un an ; chaque année il fallait négocier à nouveau, et chaque année les termes de la convention étaient profondément modifiés. Mais les modifications qui attiraient les uns écartaient les autres ; et l'accord ne finissait par se conclure chaque année qu'au prix de nouvelles et importantes dérogations aux stipulations générales.

L'annexe n° IV (1) contient le texte de la convention pour 1882. Cette année, la situation semblait s'annoncer meilleure ; la convention ne stipule plus, comme pour 1881, l'obligation de maintenir la production, mais de ne l'augmenter que de 5 0/0 par rapport à celle de 1881 ; et la pénalité en cas de surproduction, qui était de 1 marc (1 fr. 25 c.) en 1881, est réduite de moitié.

Les amendes profitent aux caisses de secours de chaque mine.

Des conventions de ce genre-là furent signées quatre années consécutives, mais n'eurent guère d'action sur les variations de la production ; les caisses de secours en profitèrent seules, car l'influence de ces conventions sur les prix de vente ne fut pas appréciable. Elles ne furent pas renouvelées en 1884.

Cependant la situation empirait et la majorité dans l'assemblée de

---

(1) Voir page 68.

l'association se prononça pour la conclusion d'une convention en vue d'une réduction de production. Aussi des négociations furent-elles rouvertes.

L'entente en vue de maintenir en 1884, la production de 1883, n'avait réuni que 85 0/0 des intéressés. Quand il s'agit de décider pour 1885 une réduction de 5 0/0 sur la production de 1884, il n'y eut plus moyen de grouper plus de 68 0/0 des intéressés.

La situation continuait à empirer ; de nouvelles négociations furent ouvertes en vue d'une convention qui réglerait la production pour dix-huit mois, du 1er juillet 1885 au 31 décembre 1886, et la réduirait de 5 0/0 par rapport à 1884.

Mais, en vue d'arriver à faciliter l'entente, il fut décidé qu'une commission spéciale pourrait accorder des accommodements à celles des exploitations qui feraient valoir des motifs bien justifiés.

Il ne fallut pas moins de deux mois de négociations pour arriver à grouper 91 1/2 0/0 de la production de 1884 ; 107 exploitations adhéraient et sur ce nombre 38 avaient obtenu des dérogations aux statuts (1) ; de sorte que le seul résultat que pouvait faire espérer cette convention, officiellement destinée à réduire la production, était le maintien de la production au tonnage produit en 1884.

Malgré l'importance de la pénalité qui fut portée à 2 marcs (2 fr. 50 par tonne), plusieurs compagnies dépassèrent largement l'extraction à laquelle elles s'étaient engagées, de sorte que la production de 1885 dépassa encore de 2 0/0 celle de 1884 ; par contre la production de 1886 fut en baisse de 1,8 0/0 sur celle de 1885. En somme le résultat de la convention fut de maintenir la production de 1886 au chiffre de 1884.

Il est à remarquer que, dans cette convention dont nous donnons le texte à l'annexe V, page 70, aucune affectation n'est assignée aux amendes ; elles sont versées entre les mains du docteur Natorp, et leur emploi sera ultérieurement désigné.

Le nombre si considérable d'exceptions, qui avaient été accordées lors de la conclusion du précédent syndicat, avait produit un tel mécontentement qu'il fallut chercher de nouvelles bases quand il s'agit d'étudier un projet d'accord pour une période de cinq ans (1887 à 1891 inclus).

---

(1) Il est juste de faire remarquer que la plupart des exploitations (29 sur 38) qui ont obtenu des dérogations sont des charbonnages de faible importance produisant moins de 50,000 tonnes par an.

Le texte, tel qu'il fut admis par la majorité (annexe VI, page 72), stipule que la production de 1886 ne sera pas dépassée; que toute tonne extraite en plus sera grevée d'une amende de 50 pfenigs (0 fr. 625) et qu'au contraire tout exploitant qui réduira sa production recevra 50 pfenigs par tonne extraite en moins.

Ce projet d'accord n'est pas arrivé à réunir plus de 73 0/0 de la production; il n'a donc pu être mis à exécution; et c'est alors, en face de cet insuccès, que l'association, sûre de la majorité des trois quarts à l'assemblée générale de la Caisse des mines, se décida à renoncer à discuter pour désormais imposer la réduction de production par application des statuts de la Caisse des mines, comme nous l'avons vu précédemment.

Dans le *bassin de la Saar*, l'Etat étant le seul exploitant et le seul vendeur de plus de 6 millions de tonnes, il n'y a évidemment place pour aucune association du genre de celle dont nous venons de parler. D'ailleurs, grâce à l'absence de concurrence locale les prix se maintiennent mieux.

Dans le 3e grand bassin houiller allemand, celui de la Haute-Silésie, dont la production est de près de 13 millions de tonnes, la multiplicité des concessions a causé les mêmes souffrances qu'en Westphalie, aussi les exploitants se sont-ils entendus, il y a quelques semaines, pour limiter leur production en 1887 à ce qu'elle était en 1886; quelques exploitants se sont cependant réservé une marge d'augmentation de 2 0/0 en raison de circonstances spéciales. Le syndicat ainsi formé laisse d'ailleurs complètement libre la fixation des prix de vente.

Syndicats des fabricants de coke et des producteurs de charbons gras du district de Dortmund.

L'entente en vue de la limitation ou de la réduction de la production, c'est-à-dire la formation de *syndicats de production* n'est pas la seule forme d'entente à laquelle puissent recourir les producteurs.

Quand ils sont moins nombreux, ils peuvent avec avantage s'unir sous une commune direction commerciale. Cette forme fut adoptée, il y a déjà près de cinquante ans, par les mines de houille de la Loire avec un grand succès. Sous le nom de *Société charbonnière* quelques exploitants s'unirent vers 1840 pour remettre la partie commerciale à un agent unique, qui fut l'un des associés, M. Jules Basset; chaque mine était taxée à une production déterminée, et un prix type était fixé pour chaque qualité de houille.

L'agent général recevait les commandes et les répartissait, fixant les prix de vente pour chaque qualité en raison inverse des demandes; de sorte qu'en haussant les prix de vente des qualités les plus demandées, on en réduisait le débit dans les limites des quantités stipulées et on amenait les acheteurs à se reporter sur d'autres qualités moins demandées.

Chaque mine recevait le prix stipulé pour chaque qualité, et l'excédent obtenu par l'agent général restait entre ses mains. A la fin de chaque exercice le capital ainsi constitué était réparti entre chacun des exploitants proportionnellement au tonnage vendu par chaque mine, et indépendamment du prix type de chaque qualité de houille.

Cette association, formée d'abord entre un petit nombre d'exploitants, attira peu à peu à elle la plus grande partie des mines de la Loire; et il en résulta un relèvement général de prix très avantageux pour chacun.

Mais il était très difficile de fixer la quote-part de chacun; aussi en arriva t-on bientôt à la conclusion qu'une pareille association ne pouvait être que provisoire et devait servir d'acheminement à la formation d'une grande société minière qui absorberait toutes les sociétés anciennes.

Ce groupement s'effectua, il tendit même à embrasser les exploitations de Blanzy et de la Grand'Combe; c'est alors qu'en 1852 le gouvernement intervint et par décret rompit cette association. Après de nombreuses négociations, il consentit à admettre au moins la formation de quatre grandes compagnies dans la Loire; c'est à l'existence de ces grandes compagnies qu'a été dû le développement remarquable de production du bassin de la Loire entre 1850 et 1860; ce sont elles également qui ont réalisé dans ce bassin toutes les améliorations jusqu'alors très négligées.

Il est intéressant de voir tout récemment en Westphalie un mouvement analogue se dessiner, jusqu'ici avec l'approbation du gouvernement, qui comprend l'intérêt qu'il y a d'arriver à diminuer les frais généraux et à aider les compagnies minières à sortir de la désastreuse situation où elles se trouvent.

Ce mouvement général qui ne date que d'hier a été précédé d'autres tentatives partielles.

C'est dans le courant de 1885 que furent ouvertes les négociations en vue de grouper les exploitants de charbons gras de Westphalie et les producteurs de coke sous une commune direction commerciale.

Le but de cette association commerciale (1) fut de confier à un agent unique la vente de toute la production en charbon gras et en coke, et de régler ainsi en commun la quantité et la répartition de la production.

Les relations des membres du syndicat avec leurs clients restent ce qu'elles étaient auparavant, sous la seule restriction qu'une affaire n'est exécutoire qu'après ratification par le chargé d'affaires du syndicat (art. 6).

Pour qu'il soit à même de remplir complètement ses fonctions, cet agent a le droit de se faire présenter tous les livres et toute la correspondance de chacun des associés (art. 7).

Tous les trois mois il est fixé un prix minimum auquel doit se tenir l'agent du syndicat; sur l'excédent obtenu sur ce prix les 4/5 seront acquis au vendeur lui-même, et 1/5 sera versé à la caisse du syndicat (art. 8).

De très fortes pénalités de 6 marcs par tonne de coke et 4 marcs par tonne de houille sont stipulées contre ceux qui traiteraient à l'insu de l'agent ou qui dépasseraient les productions stipulées d'un commun accord (art. 12).

Ce syndicat était conclu pour cinq ans (1er juillet 1885 — 1er juillet 1890).

Il ne devait entrer en fonction que s'il groupait au moins 85 0/0 des producteurs; quoiqu'il ne fût possible d'amener à une entente commune que 70 0/0 des producteurs, cependant il fut décidé que le syndicat fonctionnerait à partir du 1er juillet 1885.

Malheureusement, l'existence de près de 30 0/0 de producteurs étrangers et même hostiles au syndicat rendit la lutte beaucoup plus difficile et l'opération beaucoup moins fructueuse.

Pour arriver à maintenir les prix, malgré l'aggravation de la crise métallurgique (2), les membres du syndicat en arrivèrent à s'imposer une réduction de production qui finit par atteindre 30 0/0; mais au même

---

(1) Voir les *Statuts*. Annexe n° 7, page 75.

(2) L'importance de la crise métallurgique en Allemagne peut être caractérisée par les deux chiffres suivants : La production de fonte est tombée de 3,751,775 tonnes, en 1885, à 3,339,803 tonnes en 1886.

moment les producteurs non syndiqués profitaient de la tenue des prix pour pousser leur production avec la plus grande activité.

Une autre circonstance très imprévue rendit la situation plus difficile encore ; ce furent les réductions considérables consenties à ce moment-là par les chemins de fer français de l'Est et du Nord. Les producteurs de coke westphaliens perdirent de ce fait-là une partie importante de leur rayon de vente. Ils perdaient en même temps une partie du marché du Luxembourg où les Belges et les Français s'implantaient par des baisses de prix que le Syndicat refusait d'accorder.

Malgré ces circonstances si défavorables, le syndicat arriva à maintenir jusque vers la fin de septembre 1886 le prix des houilles grasses à 4 marcs (5 francs) la tonne, et le prix des cokes métallurgiques entre 7 marcs et 7 marcs 1/2 (8 fr. 75 à 9 fr. 35).

Mais l'importance relative de plus en plus forte que prenaient les exploitants non syndiqués, par suite de la diminution de 30 0/0 que s'étaient imposée les mines syndiquées, produisit une inquiétude telle parmi les membres de l'association qu'au 1er octobre 1886 le syndicat se rompit après quinze mois d'existence. A cette date, le conseil délia tous les membres de leurs engagements quant aux prix et quant à la production.

L'influence de cette rupture fut immédiate ; tous les producteurs se précipitèrent en même temps chez les consommateurs ; et, dès les premiers jours d'octobre, le prix des menus gras lavés tomba à 1 m. 80 et 2 marcs (2 fr. 50) et celui des cokes à 4 m. 40 et 5 marcs (5 fr. 50 à 6 fr. 25) la tonne.

C'est une baisse de 40 0/0 qui se produisit tout à coup par l'effet de la concurrence illimitée entre producteurs.

Les prix se sont relevés un peu depuis le mois de décembre sous l'action de la reprise partielle des affaires métallurgiques, mais ils restent encore bien au-dessous de ce qu'ils étaient. Aussi, croyons-nous savoir que des efforts sont faits en vue de reformer sur de nouvelles bases ce syndicat en tenant compte de l'expérience acquise.

En même temps que se poursuivent ces négociations, d'autres ont été engagées en vue de conclure une association générale de vente des charbons westphaliens. On cherche à réaliser pour la Westphalie ce qu'a été la *Charbonnière* à Saint-Étienne (1).

____

(1) Voir plus loin, page 46.

Syndicat westphalien d'exportation pour les houilles.

Les exploitants westphaliens font, depuis plusieurs années, de constants efforts en vue d'améliorer la navigation du Rhin et de la Moselle, et de créer des canaux permettant de charger directement les charbons sur les mines mêmes pour les diriger sans rompre charge vers le Rhin et vers les ports de la mer du Nord.

Il leur faut en effet refouler de tout le littoral de la Baltique et de la mer du Nord les houilles anglaises dont il continue à entrer en Allemagne près de deux millions de tonnes et se créer des débouchés au delà des mers, le long des lignes de navigation des compagnies subventionnées allemandes et dans les colonies où l'élément germanique est fortement représenté.

Il leur faut aussi chercher à tirer parti du percement du Gothard pour s'assurer au moins une partie du marché de la Haute-Italie.

EXPORTATION EN ITALIE

Jusqu'ici les résultats obtenus par l'Allemagne *en Italie* sont des plus insignifiants, ainsi que l'indique le tableau ci-dessous :

ANNÉE.	COMBUSTIBLES MINÉRAUX INTRODUITS EN ITALIE.	QUANTITÉ PROVENANT D'ALLEMAGNE.	PROPORTION.
	Tonnes.	Tonnes.	0/0
1883	2.351.969	57.215	2.4
1884	2.605.684	70.004	2.6
1885	2.954.150	67.903	2.2
1886	»	53.899	»

Depuis deux ans, l'importation allemande est loin d'être en progrès, par suite de la réduction continue des frets pour charbon anglais et par suite aussi des modifications de tarifs des chemins italiens.

Le marché italien est presque exclusivement entre les mains des

Anglais; en effet, en 1885, la décomposition des importations de combustibles minéraux en Italie est :

Angleterre	2.716.586 tonnes,	soit	92.1	0/0
France	86.921	—	— 2.9	—
Allemagne	67.903	—	— 2.2	—
Autriche-Hongrie	71.007	—	— 2.4	—
Amérique	11.733	—	— 0.4	—
Total	2.954.150			

L'association pour la défense des intérêts miniers insistait dans son rapport de 1885, paru il y a quelques mois, sur ce que la différence des prix des charbons anglais et allemands sur la place de Milan n'est pas inférieure à 3 et même 4 francs au préjudice des charbons allemands.

Plusieurs conférences ont réuni les délégués de l'Association, les représentants des compagnies de chemins de fer suisses et allemands, les gros négociants en houille de Milan et l'agent commercial allemand de Milan; mais elles n'ont pu aboutir à aucun résultat; car les chemins de fer suisses n'ont pas consenti à une diminution nouvelle de 10 à 12 0/0 dans leur tarif de transit qui leur était demandée. Aussi l'association pour la défense des intérêts miniers constate-t-elle avec un certain découragement que le marché italien n'offre pas un sérieux avenir aux houillères allemandes.

Pour lutter contre la décroissance d'exportation qui s'était fortement accentuée en 1885, les chemins de fer allemands ont consenti une nouvelle réduction de transport de 2 francs par tonne à partir du 1ᵉʳ janvier 1887.

L'effet obtenu a été presque nul puisqu'il a réussi seulement à élever l'exportation

de 15.080 tonnes dans le premier trimestre 1886
à 21.650 — — 1887

Pour trouver un débouché de quelque importance, l'Allemagne doit donc tourner ses yeux d'un autre côté.

EXPORTATION EN HOLLANDE

L'un des pays où la lutte semble se poursuivre avec le plus de succès c'est *la Hollande*, d'où les charbons westphaliens arrivent à refouler de plus en plus les charbons anglais, au prix, il est vrai, de sacrifices sans cesse croissants sur les transports.

Le tableau suivant résume le mouvement du commerce des houilles en Hollande :

	1885 tonnes	1886 tonnes	VARIATIONS tonnes
Importation venant d'Allemagne. .	4.154.874	3.582.852	— 572.022
— d'Angleterre .	332.664	275.023	—· 57.641
— de Belgique. .	245.371	262.068	+ 16.697

L'importation venant d'Allemagne en Hollande se décompose comme suit :

	1885	1886	
Consommation de houilles alleman-des en Hollande.	3.088.246	3.157.874	+ 69.628
Transit de houilles allemandes vers la Belgique et les colonies hol-landaises.	1.066.628	424.978	— 641.650

Ainsi l'importation de houilles allemandes à consommer en Hollande a pu encore en 1886 augmenter de 70,000 tonnes aux dépens de l'importation anglaise qui a diminué de 60,000 tonnes. Mais, par contre, le transit au travers de la Hollande a considérablement diminué.

EXPORTATION EN FRANCE

Du côté de la *France*, l'Allemagne perd un terrain considérable depuis quelques années.

D'après les *Etats statistiques officiels français*, les importations d'Allemagne vers la France sont :

	1884 tonnes	1885 tonnes	1886 tonnes	DIMINUTION DE 1885 à 1886 tonnes	DIMINUTION DE 1884 à 1886 tonnes
Houilles . .	1.224.000	1.109.295	973.314	135.981	250.686
Cokes. . .	303.215	267.943	263.026	4.917	40.189

D'après les *Etats statistiques officiels allemands*, les exportations d'Allemagne vers la France sont, surtout pour les cokes, très différents en valeur absolue; mais les variations sont dans le même sens :

Houilles . .	1.233.092	1.129.340	986.945	142.395	246.147
Cokes. . .	419.877	349.497	280.775	68.722	139.102

Les états statistiques allemands accusent donc dans leur exportation de coke une diminution beaucoup plus forte que les états français; cette différence provient sans doute de ce que la douane française notait en 1884 et 1885 des cokes allemands comme cokes belges.

Quoi qu'il en soit, il est certain qu'en deux ans l'introduction des houilles allemandes en France a diminué de plus de 450,000 tonnes.

DÉPOTS DE CHARBONS DANS LA MÉDITERRANÉE ET LA MER DES INDES

Cette lutte le long des frontières ne donne donc depuis quelques années que des résultats peu favorables ; elle ne suffit pas d'ailleurs à l'ambition allemande; les hautes visées coloniales du Chancelier ont fait entrevoir de vastes débouchés aux négociants et aux exploitants; aussi, en 1884, un comité, composé des principaux négociants de Brême et d'un certain nombre d'exploitants, décida-t-il d'envoyer le capitaine Wilmsen étudier l'organisation des dépôts de charbons dans la Méditerranée et la mer des Indes; et rechercher dans quelles mesures les charbons westphaliens pouraient lutter contre les charbons anglais ou australiens.

Nous résumons dans l'annexe 8, page 79, quelques-uns des principaux chiffres du rapport du capitaine Wilmsen.

Du moment qu'on veut amener les lignes subventionnées allemandes et à leur suite, d'autres vapeurs à employer les houilles allemandes, il est indispensable de créer simultanément des dépôts sur tous les points principaux de relâche, et de pourvoir ces dépôts de stocks suffisants pour parer à toute éventualité.

Sur certains points, tels que Port-Saïd et Aden, la création de ces dépôts semble devoir être très coûteuse; et sur ces mêmes points les frais de gérance ont été également évalués très haut par le capitaine Wilmsen. La commission a été amenée à se demander s'il ne serait pas possible de renoncer, au moins provisoirement, à l'établissement de dépôts sur les points où les dépenses s'annoncent comme très élevées. Après examen de la question, elle a dû reconnaître que les compagnies de navigation doivent pouvoir être assurées de trouver des dépôts successifs régulièrement espacés, sinon elles ne pouvaient renoncer aux traités qui sont conclus avec les maisons anglaises et qui assurent l'approvisionnement dans un quelconque des dépôts du parcours.

Tout au plus a-t-il paru possible d'abandonner les postes de Malte et de Singapore et encore à condition de passer avec les négociants anglais des traités par lesquels ils s'engageraient à fournir des houilles pour le compte du syndicat allemand d'exportation.

La comparaison des prix de revient probable sur les différentes places de dépôt avec les prix de vente des charbons de Cardiff montre que partout le syndicat allemand sera en perte au moins à l'origine : il est vrai que le rapport fait espérer des résultats très différents, si l'on tient compte des bonis considérables à réaliser sur les poids livrés, bonis résultant, dit-il, de la rapidité du chargement et de l'habitude de livrer sur certains points (à Port-Saïd par exemple) au volume et non au poids.

Quoi qu'il en soit, les conclusions du rapport n'ont pas paru assez encourageantes, le capital de 1,875,000 francs de premier établissement a paru trop considérable pour un résultat bien peu sûr et la question de la création des dépôts de charbon dans la Méditerranée et la mer des Indes a été ajournée.

DÉPOT DE CHARBON AUX ILES DU CAP-VERT

Il s'est cependant formé une Société d'exportation au capital de 250,000 francs qui, depuis le 1er janvier 1885, a ouvert un dépôt de charbon à Porto-Grande, dans l'île Saint-Vincent (Iles du Cap-Vert), point de relâche des vapeurs allemands se dirigeant vers le littoral allemand de l'Afrique, et principale station charbonnière de la côte occidentale de l'Afrique. Jusqu'ici ce dépôt n'a donné que des pertes.

Grâce aux facilités qu'offre à l'embarquement des charbons par le port de Rotterdam, le syndicat allemand a aussi pu, depuis deux ans, établir un petit courant d'exportation vers les Indes hollandaises.

RÉSUMÉ DE L'EXPORTATION ALLEMANDE

Malgré tous ces efforts, comme l'indiquent les deux tableaux ci-dessous, l'exportation allemande, si l'on fait abstraction de la vente dans les pays limitrophes, est très peu importante, et l'importation des charbons anglais principalement et des lignites autrichiens monte encore à des chiffres considérables.

TABLEAU DES EXPORTATIONS DE COMBUSTIBLES MINÉRAUX EN 1885

DESTINATION	HOUILLES	COKES	LIGNITES
	Tonnes.	Tonnes.	Tonnes.
Hollande.	2.947.256	60.596	1.059
Autriche-Hongrie.	2.484.665	68.311	10.656
France.	1.129.339	349.497	208
Belgique.	741.536	21.471	45
Suisse.	600.512	41.629	443
Russie.	312.235	46.944	35
Italie	59.207	11.636	90
Suède et Norwège	5.130	4.581	»
Autres pays	14.829	3.533	291
Ports francs, etc	650.809	25.659	1.295
Total de l'exportation en 1885.	8.955.518	633.857	14.122
— — 1884.	8.816.935	670.606	59.348

TABLEAU DES IMPORTATIONS DE COMBUSTIBLES MINÉRAUX EN 1885

ORIGINE	HOUILLES	COKES	LIGNITES
	Tonnes.	Tonnes.	Tonnes.
Angleterre.	1.515.819	31.160	»
Autriche-Hongrie.	362.914	10.388	3.634.987
Belgique.	55.718	87.968	»
France.	33.920	1.215	»
Hollande.	28.439	300	»
Autres pays	1.866	4.015	15
Ports francs	377.229	16.078	12.775
Total de l'importation en 1885.	2.375.905	151.124	3.647.777
— — 1884.	2.296.777	123.190	3.466.322

Études préparatoires en vue de la formation de grandes compagnies houillères
Par groupements des concessions actuelles.

En présence de la lutte ardente qui s'est engagée entre les pays producteurs de houille et, dans chaque pays, entre les exploitants voisins, il est devenu évident que le succès ne serait assuré qu'aux régions dans lesquelles toutes les conditions avantageuses seraient réunies.

La Westphalie a un bassin houiller d'une régularité remarquable où l'exploitation d'une série de couches d'épaisseur moyenne (1) est possible sans remblais et presque sans boisage.

Les voies économiques de transports manquent; mais la construction de canaux de navigation est enfin décidée, et dans un délai plus ou moins long la région houillère sera réunie par eau au Rhin et à la mer du Nord, vers l'embouchure de l'Ems.

Un obstacle beaucoup plus grave s'oppose cependant encore à la réalisation d'économies dont la possibilité est certaine ; la propriété minière est divisée à l'infini ; les concessions sont, au moins dans la partie sud du bassin, d'une petitesse extrême. Les capitaux qui ont été engagés peu à peu pour mettre en valeur ces concessions, pour creuser les puits de mines, pour aménager l'exploitation, pour assurer l'épuisement sont hors de proportion avec le tonnage obtenu ; et, point très grave pour l'avenir, l'obligation de maintenir dans chaque couche, entre mines voisines, un pilier de sûreté de 21 mètres d'épaisseur, conduit à abandonner une quantité de houilles qu'un calcul approximatif de l'administration des mines évalue pour la région actuellement exploitée, à plus de 30 millions de tonnes.

Les syndicats de production et de vente librement constitués n'arrivent à avoir qu'une durée éphémère à cause de la multiplicité des intérêts en jeu ; les mesures prises au nom d'associations, dont les décisions ont

---

(1) On compte actuellement 74 couches exploitables (en ne considérant comme telles que celles qui ont une épaisseur de plus de 50 centimètres) formant une épaisseur totale de 70 mètres de houille.

valeur légale, n'ont, nous l'avons vu également, qu'une influence à peine appréciable.

Frappée de cette situation, l'association pour la défense des intérêts miniers en Wesphalie a chargé une commission d'étudier la seule voie où elle pense possible d'exercer une action durable, qui est la *formation de grandes compagnies houillères par groupement des concessions contiguës.* Cette commission a réuni en deux brochures considérables, publiées en 1886, une série de données statistiques dont l'examen justifie la conclusion de la commission qui est favorable à la formation immédiate de grandes compagnies.

Pour fixer les idées et montrer nettement le but qu'elle poursuit la commission appuie son rapport de trois exemples de ce qui pourrait être fait.

Nous reproduisons plus loin (planche V) l'un de ces plans, celui du groupement proposé pour les concessions des environs de Bochum.

Il nous a paru intéressant de résumer quelques-unes des idées et des statistiques contenues dans ces brochures (1).

Dans un rapide exposé historique, le rapporteur rappelle :

1° Que de 1766 à 1821, en vertu de la loi des mines des duchés de Clèves et Marche, l'étendue maxima des concessions houillères était à peine supérieure à 2 hectares ;

2° Que de 1821 à 1865, en vertu d'une loi nouvelle, l'étendue maxima fut portée à un peu plus de 100 hectares;

3° Et qu'il faut attendre la loi de 1865 pour pouvoir obtenir enfin des concessions de 219 hectares au maximum ; mais, point beaucoup plus important encore, cette loi de 1865 réglait le droit de consolidation, c'est-à-dire de réunion en une seule des concessions voisines.

Un coup d'œil sur la carte du bassin houiller de Westphalie permet de saisir sur le terrain même ces progrès de la législation.

On sait que ce bassin forme un rectangle allongé N.E.-S.O. qui a 70 kilomètres de longueur et 20 kilomètres de largeur. Les couches affleurent à l'extrémité S.-O. sur les bords de la Ruhr; c'est là qu'ont été creusés les premiers puits au siècle dernier; on aperçoit encore dans cette région, malgré beaucoup de réunions déjà opérées, une foule de

---

(1) Technische Mittheilungen des Vereins für die bergbaulichen Interessen in Oberbergamts-Bezirk Dortmund, von Berg Assessor a D. Nonne.

— 41 —

toutes petites concessions, dont la plupart ont dû être abandonnées faute de pouvoir être exploitées économiquement.

Plus on avance, vers le N.-E., c'est-à-dire vers la région récemment concédée, plus on rencontre de vastes concessions; c'est là qu'on trouve la Compagnie *Monopol* qui embrasse 3,700 hectares et la Compagnie Stein et Hardenberg qui comprend 2,300 hectares.

Les grandes compagnies de la région centrale et de l'extrémité nord du bassin, quoique dans des circonstances d'exploitation moins favorables puisqu'il faut aller chercher le terrain houiller sous des morts terrains très épais, sont cependant en pleine activité; et plusieurs travaillent encore avec profit malgré la baisse des prix grâce à la diminution des frais généraux par tonne extraite.

Les concessions à grande production sont aussi celles où :

1° La production par homme et par an est la plus élevée ;

2° Le gain annuel des ouvriers est le plus fort.

La commission le démontre par une étude qu'elle résume dans les deux tableaux suivants :

INFLUENCE DE LA PUISSANCE D'EXTRACTION D'UNE MINE SUR LA PRODUCTION PAR HOMME ET PAR AN.

Mines de Westphalie en 1885.

Résumé obtenu en groupant les mines par importance de production.

NOMBRE des COMPAGNIES	SOMME TOTALE			CE GROUPE COMPREND LES MINES PRODUISANT		MOYENNE		PRODUCTION par homme et par an
	du charbon produit	0/0	des ouvriers	de	à	PRODUCTION	OUVRIERS	
	tonnes			tonnes	tonnes	tonnes		tonnes
7	5.850.000	23	18.261	660.000	— 1.150.000	836.000	2.600	320
15	6.853.000	26	23.062	334.000	— 660.000	457.000	1.500	297
15	4.208.400	16	15.561	239.000	— 334.000	281.000	1.000	270
15	3.148.800	12	12.339	181.000	— 239.000	209.000	800	255
15	2.374.500	9	9.334	139.000	— 181.000	158.000	600	254
15	1.764.500	7	7.336	103.000	— 139.000	118.000	500	240
15	1.236.400	5	5.567	64.000	— 103.000	82.000	370	222
15	589.500	2	3.413	3.000	— 64.000	39.000	230	173
112	26.025.100	100 °/₀	94.873	3.000	— 1.150.000	232.000	850	274

Si on classe les mines en quatre groupes suivant la production par mine, on voit que la production par homme et par an et le gain annuel par homme croissent parallèlement.

| | | PROPORTION | |
GROUPE	PRODUCTION TOTALE	de la production par homme et par an	du salaire annuel
	tonnes		
I	4.406.000	100	100
II	6.641.000	113	105
III	7.226.000	120	110
IV	8.531.000	128	114

L'ouvrier a donc avantage à travailler dans les grandes exploitations ; et par suite, dans l'intérêt des ouvriers, l'Etat doit favoriser la constitution des grandes exploitations.

Les gains des différentes catégories d'ouvriers sont :

CATÉGORIE DES OUVRIERS	Proportion du nombre des postes de travail pour chaque catégorie	GAIN ANNUEL moyen		GAIN JOURNALIER moyen	
		marcs	francs	marcs	francs
Mineurs à la houille et au rocher.	54 %	918	1.148	3.04	3.80
Rouleurs et ouvriers aux réparations.	24	670	838	2.22	2.77
Ouvriers au jour.	19	722	902	2.39	2.99
Gamins.	3	320	400	1.06	1.32
Total et moyenne. .	100	806	1.007 50	2.66	3.32

La production par homme et par an est plus élevée dans les grandes exploitations, on le constate en 1885 ; mais la statistique montre aussi que l'augmentation de production par homme et par an est corrélative de l'augmentation de production par mine et par an.

Le tableau II ci-joint le montre (p. 51) et les graphiques n°s III et IV, qui sont à la fin de ce travail le tracent nettement aux yeux.

Résumons les faits en quelques chiffres :

WESTPHALIE

	PRODUCTION ANNUELLE	
	par mine	par homme
	tonnes	tonnes
1860	16.600	160
1870	53.800	229
1880	114.700	286
1885	154.400	287

Le même fait est observé en France où l'augmentation de production par mine est accompagnée d'un accroissement de production par homme et par an qui de 161 tonnes en 1870 passe à 192 tonnes en 1885.

Cet ouvrier qui produit plus et gagne plus au service d'une grande compagnie, dépense aussi moins pour les besoins ordinaires de la vie et est généralement mieux logé. En effet ces grandes exploitations ont toutes créé des cités ouvrières où le mineur possède un petit jardin à côté d'une maisonnette saine et propre. Souvent une société coopérative procure aux prix sinon du gros, du moins du demi-gros, tout ce qui est nécessaire aux besoins du ménage sans qu'on ait à craindre tous les produits frelatés des petits détaillants.

Au point de vue de la *sécurité des ouvriers*, la concentration de l'exploitation aurait aussi de sérieux avantages ; en effet, actuellement, dans beaucoup de mines de faible étendue qui n'ont qu'un seul puits, les conditions de sécurité ne sont pas suffisamment assurées. L'aérage obtenu par la division du puits au moyen d'une simple cloison est insuffisant et peut être interrompu par un accident imprévu. Sans augmenter le nombre des puits et par suite sans frais considérables, en établissant des relations entre concessions voisines, les conditions de sécurité pourraient être améliorées d'une façon considérable ; le rapport le montre avec beaucoup de netteté.

L'un des éléments les plus défavorables à une exploitation économique en Westphalie, c'est certainement la question de *l'épuisement*.

Tandis que pour une venue de un mètre cube d'eau, la production en houille est :

A Saarbruck, de. . . . . 260.000 tonnes.

Elle n'est en Westphalie que de. 130,000   —

En effet, en Westphalie pour l'ensemble des mines l'affluence d'eau est de 216 mètres cubes par minute, qu'il faut remonter d'une profondeur moyenne de 266 mètres. Il faut donc, en Westphalie, extraire en moyenne $4^{m3},43$ d'eau par tonne de houille.

Pour opérer cet épuisement et surtout pour parer dans chaque concession à des venues imprévues qu'on peut toujours craindre avec l'enchevètrement des travaux actuels, il n'a pas été dépensé, en machines d'épuisement, moins de 65 millions de francs ; et chaque année les frais courants de l'épuisement montent à plus de 5 millions de francs, chiffre évidemment excessif tenant à l'obligation de tenir toutes ces machines, sur tous les puits, toujours prêtes à fonctionner.

La force de cheval en eau élevée revient à 394 francs, et la tonne-mètre d'eau (tonne d'eau élevée à un mètre) revient en moyenne à 87 fr. 50 au bout de l'année.

On comprend d'après ces quelques chiffres l'importance extrême que la Commission attache à la réalisation du groupement des concessions. Mais les articles 114 et 120 de la loi des mines opposent un sérieux obstacle à cette opération : ils exigent une majorité des trois quarts des propriétaires pour que l'assemblée générale puisse approuver la fusion de deux sociétés.

La Commission demande au gouvernement de modifier ces articles et de réduire aux deux tiers la majorité nécessaire pour approuver la fusion.

Comme conclusion de son travail elle montre ce que devraient être à son avis ces grandes compagnies. Elle donne trois exemples accompagnés de plans et de tableaux statistiques.

Nous avons pensé qu'un seul de ces plans suffirait pour donner une idée de ces projets (voir Planche V).

On sera frappé en l'ouvrant de voir l'enchevètrement de ces petites concessions, et on comprend à première vue l'immense avantage que présenterait une exploitation qui s'étendrait librement sur ce vaste périmètre de 6,200 hectares, dont on pourrait utiliser tous les piliers d'isolement et sur lequel on pourrait établir les tractions mécaniques, les puits à grande production, etc.

Le tableau ci-dessous résume d'ailleurs les principaux éléments de ces trois grandes compagnies projetées.

PROJET DE FORMATION DE GRANDES COMPAGNIES D'EXPLOITATION.

Compagnies de :	Bochum.	Dortmund.	Aplerbeck.
Superficie.	6.200 H^{rs}.	23.000 H^{rs}.	2.900 H^{rs}.
Production actuelle . . .	3.360.000 T^s.	5.784.000 T^s.	519.000 T^s.
Nombre d'ouvriers. . . .	12.500	23.500	2.350
Nombre actuel de concescessions en exploitation.	17	33	6
Nombre de concessions non exploitées.	5	5	1
Nombre des puits	35	73	10

La Commission est donc unanime à conclure que le groupement des concessions s'impose aussi bien dans l'intérêt de l'ouvrier, que dans celui de l'État et des exploitants.

Mais le temps presse, la situation ne cesse de s'aggraver ; les négociations en vue de la fusion de toutes ces compagnies seront forcément longues, et ensuite il faudra encore un temps prolongé pour transformer et centraliser l'exploitation.

En attendant que cette transformation qui semble indispensable soit réalisée, faut-il attendre les bras croisés ? Telle n'a pas été l'avis de l'association pour la défense des intérêts miniers, et dans son assemblée générale du 2 juin elle a discuté une proposition de son président, dont il nous reste à parler en finissant.

Projet de formation d'une compagnie commerciale de vente

DE LA PRODUCTION HOUILLÈRE EN WESTPHALIE

L'assemblée générale de l'association pour la défense des intérêts miniers a entendu le 2 juin dernier un remarquable rapport de son président, le Dr Hammacher sur les mesures immédiates à prendre en vue de parer à la ruine des compagnies houillères en Westphalie.

Le Dr Hammacher passe en revue tous les efforts qui ont été tentés jusqu'ici pour améliorer la situation des exploitations houillères; et il est obligé, comme nous venons de le faire nous-même, de constater l'inanité des résultats obtenus.

Les conventions d'exploitations n'ont pu opposer qu'une digue bien faible et bien passagère au développement de la production et n'ont en réalité produit presque aucun effet sur les prix.

L'intervention actuelle de la Caisse des mines semble appelée à avoir des résultats moins efficaces encore.

Et cela se comprend. Des circonstances spéciales poussent continuellement certaines houillères à développer leur production; et la concurrence sans limite, la lutte sans mesures qui s'engage partout entre les vendeurs de plus de 150 mines cause forcément une baisse sans cesse nouvelle des prix.

Amené ensuite à se demander si on peut espérer une amélioration de la situation par suite d'un développement des débouchés, le rapporteur est obligé de reconnaître que l'effet produit par la construction des voies ferrées, a été complètement produit et que l'exportation lointaine ne semble pas offrir d'importantes perspectives au commerce des houilles allemandes.

Les progrès dans l'utilisation des combustibles paraît par contre amener dès maintenant une réduction sensible dans la consommation et fournira sans doute dans l'avenir un contre-poids au développement provenant de l'accroissement de la population et des entreprises industrielles.

C'est le morcellement de la propriété minière qui a été le grand obstacle au maintien d'accords stables et qui a été cause de la baisse des prix toujours plus forte en Westphalie que dans le bassin de Saarbruck et en Silésie. Le but d'avenir est donc, comme l'association l'a indiqué, le groupement des concessions en quelques grandes compagnies; mais pour arriver à réaliser cette fusion des compagnies actuelles il faudra de longues négociations, et on peut craindre que le résultat ne soit pas obtenu avant plusieurs années. D'ici là, il faut cependant agir; il faut trouver un remède énergique et rapide pour parer à la ruine imminente.

Ce remède que propose le Dr Hammacher est la formation d'un *syndicat commercial en vue de la vente en commun* de la totalité de la production.

Des tentatives dans ce sens ont déjà été faites, nous l'avons vu plus haut, spécialement par les producteurs de charbons gras et de cokes; les résultats ont été assez satisfaisants pendant une période de 18 mois, et le prix des cokes s'était maintenu; mais cette association a succombé devant la concurrence de certains gros producteurs qui se tenaient en dehors, et profitaient de la tenue des prix sans s'astreindre à limiter leur production.

Peut-on espérer une entente plus durable? Le rapporteur croit que de l'excès du mal actuel naîtra un accord avantageux pour tous; car, dit-il, il ne faut pas se le dissimuler, si le sentiment de solidarité et l'intelligence des vrais intérêts n'amènent pas les producteurs à s'entendre tous ensemble et à prendre des mesures pour arrêter la surproduction actuelle, ce sera alors l'État qui devra intervenir. Car dans l'intérêt de la société même il ne peut pas laisser se consommer cette ruine de tous les exploitants.

Le syndicat en question pourrait se constituer sous l'une des formes suivantes :

1° Les mines pourraient simplement s'associer entre elles;

2° Les mines pourraient s'intéresser à une Société formée avec l'appui de capitalistes.

3° Des capitalistes seuls formeraient une société qui traiterait ensuite avec les compagnies minières.

Dans la première hypothèse, il serait simplement créé un bureau central de vente; les frais seraient réduits au minimum; c'est ce qui existait pour le syndicat des cokes et ce qui existe pour les salines de Stassfurt.

Dans les deux autres hypothèses, il serait formé une Société commerciale nouvelle; c'est cette forme que préconise le Dr Hammacher.

Il craint en effet, dans le cas d'une simple association des compagnies existantes, les jalousies, les méfiances réciproques. Il croit que tous les échecs subis jusqu'ici tiennent à ce qu'on a voulu recourir à cette forme d'association.

Il estime que la situation serait différente si chaque compagnie traitait avec une société commerciale nouvelle

Chaque exploitant s'engagerait, pour une longue période, (on parle de dix ans) à livrer, à un prix déterminé, la totalité de sa production dont le tonnage serait d'ailleurs stipulé.

Ce prix minimum serait fixé d'après la situation actuelle, et, chaque mois, chacune des mines serait payée à ce taux de la quantité de houille livrée par elle.

Ainsi chaque exploitation aurait un courant assuré de travail et une recette minima certaine.

Sur les bénéfices que réaliserait le syndicat, grâce à la hausse produite sur les prix, un tant pour cent serait attribué aux exploitants et le reste rémunérerait le capital engagé dans le syndicat à titre de fonds de roulement (1).

L'organisation proposée par le docteur Hammacher est à très peu de choses près la même que celle de la *Société charbonnière de la Loire* dont nous avons parlé plus haut (2), et qui avait donné de si brillants résultats sous l'habile direction de M. Basset.

Il semble probable que, si l'entente peut se produire, les résultats que fait entrevoir le docteur Hammacher seront rapidement obtenus.

Il croit pouvoir affirmer que, aussitôt la plus grande partie de la production syndiquée et la lutte acharnée des agents commerciaux supprimée, le prix montera de 0 fr. 75 c. à 1 franc par tonne ; hausse qui est possible, dit-il, sans qu'il y ait à craindre la concurrence des charbons de Saarbruck, ni ceux de l'étranger.

Or, lorsqu'il s'agit d'une production de 25 millions de tonnes, chaque décime d'augmentation par tonne correspond à une augmentation de recettes de 2 millions et demi de francs.

---

(1) Le capital toucherait un intérêt de 5 0/0 ; et sur l'excédent des bénéfices 75 0/0 seraient partagés entre les mines au prorata du chiffre des ventes, et 25 0/0 seraient attribués au capital à titre de dividende.

(2) Voir page 2⁹.

Si donc on peut arriver à produire une hausse de 1 franc par tonne, ne fût-ce que sur 20 millions de tonnes, ce sont toujours 20 millions de francs en plus de recettes pour l'ensemble du bassin.

Le docteur Hammacher a annoncé en finissant qu'il pouvait compter, dès maintenant, sur l'appui de grands établissements financiers qui sont prêts à fournir le capital de 25 à 30 millions de francs qui paraît suffisant pour constituer la société commerciale de vente.

Une discussion assez vive s'est élevée à la suite de cette communication, et bien des doutes ont été formulés sur la possibilité d'une entente et du maintien d'une hausse. Augmenter les prix des cokes à la clientèle française et luxembourgeoise, n'est-ce pas, disent certains membres , faire le jeu des concurrents belges et français; hausser les prix des houilles, n'est-ce pas assurer un débit plus abondant encore aux charbonniers anglais sur toutes nos côtes, et aux mines de la Saar et de la Silésie dans l'Allemagne Centrale ? Cependant l'impression qui semble résulter du débat, c'est que la situation est si grave qu'il faut, de la part de chacun, des concessions réciproques en vue d'un accord complet et immédiat.

Une commission de sept membres a été nommée pour étudier les conditions de fonctionnement d'une pareille société et pour préparer le texte d'un traité qui pourrait être signé à la fois par la société commerciale et par les différentes compagnies minières.

Il faut donc s'attendre à voir, avant peu de mois, s'organiser en Westphalie une Compagnie commerciale pour la vente des charbons, qui fonctionnerait en attendant que la formation de grandes compagnies de mines par fusion des petites concessions apporte une solution définitive à la situation désastreuse, sinon causée, du moins aggravée par le fâcheux article de la loi des mines de 1865, qui a limité l'étendue des concessions.

Mais l'opposition de plusieurs grandes exploitations est dès maintenant certaine; aussi serait-il imprudent de trop compter sur les résultats d'une entreprise qui aura contre elle une minorité importante et puissamment outillée.

15 juin 1887.

TABLEAU Nᵒ 1

PRODUCTION DES COMBUSTIBLES MINÉRAUX EN PRUSSE

Production totale et par provinces.

| ANNÉES | HOUILLES PROPREMENT DITES | | | | | | | | | | LIGNITES |
| | WESTPHALIE | | HAUTE-SILÉSIE | | SAAR | | BASSE-SILÉSIE | | TOTAL pour la Prusse | TOTAL pour la Prusse |
	1,000 tonnes	%	1,000 tonnes	%	1,000 tonnes	%	1,000 tonnes	%	1,000 tonnes	1,000 tonnes
1820	457				115					
1830	614				223					
1840	1.065				408					
1850	1.791				636					
1860	4.693				2.020					
1865	9.166	47.9	4.305	23.1	2.949	15.8	1.208	6.4	18.592	5.022
1868	11.227	49.4	5.307	23.3	3.338	14.7	1.445	6.3	22.732	5.602
1869	11.813	46	5.555	21.7	3.504	13.5	1.411	5.4	25.967	6.014
1870	11.571	49.6	5.854	25.1	2.786	11.9	1.570	6.7	23.316	6.116
1871	12.462	48	6.557	25.2	3.263	12.6	1.970	7.6	25.967	6.876
1872	14.155	48	7.252	24.6	4.222	14.3	2.120	7.2	29.524	7.449
1873	16.127	49.8	7.769	24	4.361	13.5	2.295	7.1	32.348	7.987
1874	15.252	47.7	8.165	25.9	4.321	13.5	2.351	7.4	31.939	8.340
1875	16.699	50	8.252	24.7	4.570	13.7	2.193	6.6	33.419	8.716
1876	17.642	51.2	8.468	24.6	4.549	13.2	2.151	6.2	34.466	8.985
1877	17.511	52	8.112	24	4.473	13.3	2.006	6	33.672	8.636
1878	19.015	53.6	8.203	23.1	4.445	12.5	2.179	6.1	35.500	8.841
1879	20.209	53.6	8.910	23.6	4.560	12.1	2.287	6.1	37.675	9.278
1880	22.364	53	10.017	23.7	5.298	12.6	2.640	6.3	42.173	9.875
1881	23.577	53.8	10.404	23.7	5.206	11.9	2.707	6.2	43.781	10.412
1882	25.716	54.7	10.888	23.1	5.571	11.8	2.903	6.2	47.097	10.798
1883	27.716	54.8	11.799	23.3	5.600	11.8	3.065	6.1	50.611	11.827
1884	28.259	54.5	12.342	23.8	6.226	12	3.046	5.9	51.867	12.057
1885	28.865	54.6	12.842	24.3	6.213	11.7	2.944	5.6	52.879	12.387

TABLEAU N° 2

PRODUCTION HOUILLÈRE EN PRUSSE

Production par mine. — Production par homme et par an
dans les principales provinces.

ANNÉES	WESTPHALIE		HAUTE-SILÉSIE		SAAR		TOTAL ET MOYENNE POUR LA PRUSSE		ANGLETERRE	
	par mine	par homme et par an	par mine	par homme et par an	par mine	par homme et par an	par mine	par homme et par an	par mine	par homme et par an
	1,000 tonnes	tonnes	1,000 tonnes	tonnes	1,000 tonnes	tonnes	1,000 tonnes	tonnes	1,000 tonnes	tonnes
1860	16.6	160								309
1865	39.2	212	47.3	238	164.0	179	45.5	208		309
1868	50.1	229	51.5	256	222.5	173	53.4	214		»
1869	55.2	228	49.6	240	233.6	187	53.8	214		»
1870	53.8	229	53.7	246	185.7	185	55.1	216	38.2	313
1871	53.4	199	54.2	233	217.5	167	58.2	197	42.5	316
1872	66.8	212	61.5	234	281.5	207	69.0	210	41.1	295
1873	72.0	207	58.8	238	290.7	204	71.6	203	49.5	247
1874	56.9	187	63.6	249	270.0	195	63.7	197	30.4	232
1875	64.5	204	71.8	256	320.0	202	70.5	209	33.5	249
1876	76.4	216	76.3	259	325.0	197	76.9	216	33.3	261
1877	81.4	242	75.1	263	319.5	197	79.0	230	35.7	272
1878	92.7	260	75.9	273	317.5	203	85.3	244	35.2	278
1879	101.0	268	84.9	291	326.7	215	92.6	255	33.9	280
1880	114.7	286	95.4	310	407.5	234	104.1	272	37.8	304
1881	122.8	287	95.5	310	400.5	227	109.5	270	40.4	311
1882	137.0	290	99.9	307	428.6	238	117.7	274	41.6	310
1883	145.9	286	115.7	325	500.0	243	128.1	276	44.2	318
1884	151.1	283	137.6	325	518.8	238	135.4	273	45.8	309
1885	154 4	287	122.3	319	517.8	236	136.0	274	46.3	306

TABLEAU N° 5

PRODUCTION COMPARATIVE EN COMBUSTIBLES MINÉRAUX
de la France, de la Prusse, de l'Empire allemand et de l'Angleterre.

ANNÉES	PRODUCTION PAR HOMME ET PAR AN			PRODUCTION TOTALE (HOUILLES ET LIGNITES)			
	ANGLETERRE	FRANCE	PRUSSE (houilles)	FRANCE	PRUSSE	EMPIRE ALLEMAND	ANGLETERRE
	tonnes	tonnes	tonnes	1,000 tonnes	1,000 tonnes	1,000 tonnes	1,000 tonnes
1865	309	148	208	11.600	23.614	28.553	98.150
1868	»	155	214	13.254	28.333	32.879	»
1869	»	159	214	13.464	31.981	34.344	»
1870	313	161	216	13.330	29.432	34.002	110.413
1871	316	159	197	13.259	32.843	37.856	117.352
1872	295	172	210	15.803	36.973	42.324	123.497
1873	247	166	206	17.479	40.335	46.145	127.016
1874	232	159	197	16.908	40.279	46.658	125.043
1875	249	156	209	16.957	42.135	47.804	131.867
1876	261	154	216	17.101	43.451	49.550	133.344
1877	272	154	230	16.805	42.308	48.230	134.610
1878	278	154	244	16.961	44.344	50.520	132.607
1879	280	167	255	17.111	46.853	53.471	134.008
1880	304	180	272	19.362	51.048	59.118	146.818
1881	311	186	270	19.766	54.193	61.540	154.184
1882	310	190	274	20.604	57.895	65.379	156.499
1883	318	189	276	21.334	62.438	70.443	163.737
1884	309	183	273	20.024	63.924	72.114	160.757
1885	306	192	274	19.511	65.266	73.673	159.351
1886	»	»	»	20.045	»	73.638	»

PRODUCTION DE LA HOUILLE EN PRUSSE EN 1885

BASSIN HOUILLER	NOMBRE DE MINES			NOMBRE DES OUVRIERS	PRODUCTION EN HOUILLE				VALEUR SUR LE CARREAU DE LA MINE			
	DE L'ÉTAT	PRIVÉES	TOTAL		TOTALE	0/0 DE LA PRODUCTION TOTALE	MOYENNE PAR MINE	MOYENNE PAR HOMME	TOTALE	MOYENNE PAR MINE	MOYENNE PAR HOMME	MOYENNE PAR TONNE
					Tonnes.		Tonnes.	Tonnes.	Marcs.	Marcs.	Marcs.	Marcs.
Ruhr	—	187	187	100.557	28.864.639	54.59	154.356	287	137.757.591	720.629	1.340	4.67
Haute Silésie.	3	102	105	40.258	12.842.128	24.28	122.306	319	51.020.148	485.906	1.267	3.97
Saar.	9	3	12	26.284	6.213.041	11.75	517.753	236	46.715.427	3.892.952	1.777	7.52
Basse Silésie.	—	43	43	14.004	2.943.658	5.57	68.457	210	17.910.580	416.525	1.279	6.08
Aix-la-Chapelle.	—	17	17	6.545	1.225.364	2.32	72.092	187	6.841.104	402.418	1.043	5.58
Hanovre.	3	10	13	3.020	474.099	0.90	36.469	157	3.142.615	241.740	1.041	6.63
Ibbenbüren	1	1	2	1.485	183.943	0.35	91.972	124	1.463.491	732.746	987	7.97
Wettin-Holnstein-Schaum-burg-Minden.	2	8	10	1.035	131.932	0.24	112.528	108	1.019.046	101.904	984	7.77
Total.. . . .	18	371	389	193.488	52.879.004	100	135.936	274	262.882.002	675.789	1.361	4.97

PRODUCTION DES LIGNITES EN PRUSSE EN 1885

BASSIN HOUILLER	NOMBRE DE MINES			NOMBRE DES OUVRIERS	PRODUCTION EN HOUILLE				VALEUR SUR LE CARREAU DE LA MINE			
	DE L'ÉTAT	PRIVÉES	TOTAL		TOTALE	0/0 DE LA PRODUCTION TOTALE	MOYENNE PAR MINE	MOYENNE PAR HOMME	TOTALE	MOYENNE PAR MINE	MOYENNE PAR HOMME	MOYENNE PAR TONNE
Saxe	4	201	205	13.004	9.201.548		44.886	613	24.564.398	119.826	1.637	2.67
Brandebourg.	—	105	105	4.150	2.222.941		21.171	536	5.010.577	47.720	1.207	2.25
Silésie.	—	40	40	1.108	386.140		9.654	349	1.358.459	33.961	1.226	3.52
Provinces Rhénanes . . .	—	29	29	772	333.932		11.515	433	441.076	15.210	571	1.32
Hesse Nassau.	4	34	38	1.064	207.982		5.473	195	880.842	23.480	828	4.24
Posen	—	7	7	114	30.078		4.297	264	101.864	14.552	892	3.38
Hanovre.	—	4	4	88	4.663		1.166	53	13.508	3.377	154	2.90
Total. . . .	8	420	428	22.300	12.387.284		28.942	535	32.370.724	75.633	1.452	2.61

TABLEAU N° 5

PRODUCTION ET VALEUR DES COMBUSTIBLES MINÉRAUX

En Allemagne.

ANNÉES	HOUILLES			LIGNITES			TOTAL
	POIDS	VALEUR	Valeur moyenne PAR TONNE	POIDS	VALEUR	Valeur moyenne PAR TONNE	POIDS
	1,000 tonnes.	1,000 marcs.	Marcs.	1,000 tonnes.	1,000 marcs.	Marcs.	1,000 tonnes.
1865	21.794,7	120.529	5.55	6.758,1	19.784	2.92	28.552,8
1866	21.629,8	127.230	5.88	6.533,1	18.848	2.88	28.162,9
1867	23.808,1	137.414	5.75	6.994,8	20.051	2.87	30.802,9
1868	25.704,8	145.791	5.63	7.174,4	20.006	2.80	32.879,2
1869	26.774,4	155.785	5.80	7.569,6	21.052	2.79	34.344,0
1870	26.397,8	163.537	6.19	7.605,2	22.053	2.91	34.002,0
1871	29.373,3	218.351	7.43	8.482,8	26.216	3.08	37.856,1
1872	33.306,4	296.668	8.88	9.018,0	29.496	3.27	42.324,4
1873	36.392,3	403.645	11.10	9.752,9	34.627	3.56	46.145,1
1874	35.918,6	387.183	10.79	10.739,5	39.232	3.66	46.658,1
1875	37.436,4	297.485	7.96	10.367,7	36.885	3.56	47.804,1
1876	38.454,4	263.678	6.88	11.096,0	38.442	3.49	49.550,4
1877	37.529,6	216.972	5.79	10.700,3	35.921	3.35	48.229,9
1878	39.589,8	207.916	5.28	10.930,1	34.459	3.16	50.519,9
1879	42.025,7	205.703	4.89	11.445,0	35.227	3.07	53.470,7
1880	46.973,6	245.665	5.24	12.144,5	36.710	3.04	59.118,1
1881	48.688,2	252.252	5.18	12.852,3	38.122	2.98	61.540,5
1882	52.118,6	267.859	5.13	13.259,6	36.156	2.73	65.379,2
1883	55.943,0	293.628	5.27	14.499,6	39.007	2.69	70.442,6
1884	57.233,9	298.780	5.20	14.880,0	39.578	2.66	72.113,9
1885	58.320,4	302.942	5.19	15.352,9	40.364	2.63	73.673,3
1886	58.020,6	300.727	5.18	15.617.0	40.270	2.58	73.637,6

ANNEXE N° I

LOI

SUR L'ADMINISTRATION DES CAISSES COMMUNES DE MINES (BERGBAU-HÜLFSKASSE)

du 5 juin 1863.

Nous. Guillaume......

§ 1.

Les Caisses communes de Mines fondées avec les biens et les contributions des propriétaires de mines. à savoir :

1° die Oberschlesische Steinkohlen-Bergbau-Hülfskasse,

2° — Niederschlesische — — — .

3° — Märkische Berg gewerkschaftskasse,

4° — Essen-Werdensche — ,

5° — Gewerkschaftliche Bergbau-Hülfskasse für den Niedersächsisch-Thüring-schen district;

6° — Kamsdorfer Schurfgelderkasse,

passent, à partir du 1er janvier 1864. sous la direction des propriétaires de ces mines.

§ 2.

Les « Bergbau-Hülfskasse » ont les droits de personnes juridiques.

La gestion sera opérée d'après des statuts rédigés par les intéressés ; ces statuts ne doivent pas être en contradiction avec les prescriptions de la présente loi et doivent être approuvés par le Ministre du Commerce.

Les revenus de ces Caisses doivent être employés, ainsi que le préciseront les statuts, à protéger et à développer l'industrie minière ainsi qu'à soutenir les entreprises et établissements créés dans un but d'intérêt général ou d'intérêt commun à la majorité des membres.

La perception des cotisations peut être décidée par les statuts avec l'approbation du Ministre du Commerce.

Les changements ultérieurs des statuts, ainsi que les décisions relatives à la liquidation des Caisses doivent être soumis à l'approbation du Ministre.

§ 3.

A ces Caisses Minières participent toutes les mines de la circonscription et de la catégorie pour lesquelles la Caisse a été formée, sans restriction provenant du fait que les propriétaires ont antérieurement ou non participé à ces caisses. Le droit de vote est basé sur l'importance, c'est-à-dire la valeur de la production (§ 9) de l'année précédente; avec cette condition que le propriétaire ou le représentant de chaque mine ait au moins une voix. Les statuts peuvent fixer un maximum au nombre de voix que peuvent posséder les représentants d'une seule et même mine.

§ 4.

L'administration est exercée, sous la surveillance de l'Oberbergamt par un conseil qui est formé de délégués, choisis parmi eux, par les propriétaires ou représentants des mines intéressées.

§ 5.

En vertu de prescriptions spéciales des statuts, l'état de prévision de recettes et dépenses de chaque année (Budget) sera préparé par le conseil et approuvé par l'assemblée générale.

De même les comptes de l'année écoulée seront revisés par le conseil; et décharge en sera donnée par l'assemblée générale au conseil et aux employés.

Sur le droit de vote des intéressés, et sur le nombre de voix à leur attribuer, l'assemblée générale statue en dernier ressort.

Le budget sera soumis à l'Oberbergamt; celui-ci a le droit de rayer toutes les prévisions qui sont antistatutaires; contre cette décision, il peut être fait appel pendant trois semaines devant le Ministre du Commerce.

§ 6.

Les statuts peuvent reporter de l'assemblée générale sur le conseil tout ou partie des fonctions définies au § 5.

§ 7.

L'Oberbergamt nomme pour exercer les fonctions de surveillance un commissaire qui a droit d'assister à toutes les séances du conseil et de l'assemblée générale.

Le lieu et l'heure de la séance, ainsi que le texte de l'ordre du jour, doivent être portés à la connaissance du commissaire au moins trois jours à l'avance sous peine de nullité des décisions prises.

Le commissaire a le droit de faire opposition séance tenante à toute décision contraire aux règlements.

L'Oberbergamt, auquel le commissaire devra de suite rendre compte, devra statuer dans les dix jours sur l'opposition, sous réserve pour les intéressés d'un appel devant le Ministre du Commerce.

§ 8.

Le conseil est tenu à tout instant de communiquer à l'Oberbergamt et à son commissaire les procès-verbaux, les livres de caisse, et les comptes à l'appui, et de lui laisser vérifier la caisse.

§ 9.

La proportion dans laquelle les intéressés peuvent intervenir d'après les statuts (§ 2) doit être telle que toute mine qui s'est trouvée en exploitation en 1862, ait droit à une voix; — si l'extraction a dépassé :

1° Dans les districts désignés sous les numéros 1 et 2 du § 1, 100,000 tonnes.

2° — — — 3, 4 et 5, la valeur imposable de 10,000 thalers.

3° — — — 6, la valeur de 1,000 thalers.

Alors les intéressés ont droit à autant de fois une voix que les sommes ci-dessus sont contenues dans les produits de leur extraction.

Les fractions sont comptées pour une unité en plus.

§ 10.

La Caisse westphalienne des mines (westphälische Bergbau-Hülfskasse) sera dissoute le 1er janvier 1864, sous réserve des droits de la caisse de l'État, et de la caisse de la Marche sur ses biens.

§ 11.

Les prescriptions statutaires ou légales, qui se rapportent aux caisses visées dans le § 1 ci-dessus, à savoir l'ordonnance du 12 novembre 1779 sur l'établissement de la Caisse silésienne des mines, le chapitre 74 de l'ordonnance des mines du 29 avril 1766 pour Clèves et la Marche, le rescrit ducal saxon du 4 novembre 1767 et les articles 8 et 77 du décret westphalien du 27 janvier 1809 qui sont encore en vigueur pour la Caisse visée sous le numéro 5, sont rapportés pour ce qui est en contradiction avec la loi actuelle.

§ 12.

Le Ministre du Commerce, de l'Industrie et des Travaux publics est chargé de l'exécution de la présente loi.

5 juin 1863.

GUILLAUME.

ANNEXE N° 2

STATUTS

DE LA

CAISSE DES MINES DE WESTPHALIE (WESTPHALISCHEN BERGGEWERKSCHAFTSKASSE)

(Texte approuvé le 1er mars 1887.)

Mines participantes.

ARTICLE PREMIER.

Toutes les mines situées dans la circonscription de l'Oberbergamt Royal de Dortmund font partie de la Caisse des mines de Westphalie, Caisse dont la personnalité civile est reconnue par la loi; font cependant exception celles des mines qui sont situées dans les districts qui ont été le 1er juillet 1851 rattachés au Bergamt de Ibbenbüren.

L'affiliation a lieu sans distinction de la nature spéciale de la mine (mines de houilles, ou mines métalliques) aussi bien pour les mines concédées avant la rédaction de ces statuts, que pour celles qui seront créées dans l'avenir.

Les dites mines ont par suite le droit de prendre part aux délibérations et aux votes de l'assemblée générale.

Siège, Biens et Revenus de la Caisse.

ART. 2.

La Caisse des mines de Westphalie, dont le siège est à Bochum, a pour but de protéger et de développer l'industrie minière dans ce district, ainsi que de contribuer à soutenir les entreprises et établissements qui ont en vue de favoriser tout ou partie des mines du district.

Spécialement, elle a en vue :

1° L'entretien d'écoles destinées à former des employés instruits pour le service des mines;

la publication de cartes géologiques et techniques ; la création d'établissements de recherches et d'études (laboratoires) ; la formation de collections ; et, d'une façon générale, la création ou le développement de toutes sortes d'établissements scientifiques ou techniques susceptibles de contribuer à la prospérité minière du district ;

2° La création ou la gestion d'établissements ou d'entreprises et spécialement de canaux de navigation qui contribueraient au développement de la prospérité commerciale de tous ou de la majorité des participants de la Caisse.

3° La participation aux obligations résultant, pour les mines du district, de la loi sur l'assurance contre les accidents, telles que construction et entretien d'hôpitaux pour les blessés et les invalides ; organisation et service de stations scientifiques, telles que laboratoires pour l'étude du grisou, et autres recherches ayant pour but la protection contre les accidents.

Art. 3.

Les biens de la Caisse des mines se composent :

1° Des biens des caisses minières de la Marche et d'Essen-Werden, tels qu'ils résultent de la fusion de ces caisses en date du 1er mars 1864.

2° D'un capital à constituer comme garantie des entreprises créées conformément à l'article 2.

Les recettes se composent des revenus des capitaux et des contributions versées par les mines du district.

Art. 4.

Les contributions auxquelles sont astreintes les mines du district sont classées en ordinaires et extraordinaires.

Pous satisfaire aux charges désignées sous le n° 1 dans l'article 2, sont prélevées les contributions ordinaires. Les *cotisations ordinaires* sont fixées à 0,2 pfenigs par tonne extraite, elles sont calculées et perçues chaque année par le bureau de la Caisse des mines, sur la base de l'extraction de l'année écoulée d'après les chiffres communiqués par l'Oberbergamt royal de Dortmund. Le paiement doit être fait pour l'année entière sur la base ci-dessus indiquée.

Pour satisfaire aux charges désignées sous le n° 2, les cotisations ordinaires seront doublées et portées par suite à 0,4 pfenigs par tonne, à partir du moment et aussi longtemps que la Caisse des mines aura à contribuer pécuniairement à la construction des canaux de navigation.

Pour satisfaire aux charges désignées sous le n° 3, seront prélevées des cotisations extraordinaires. Des cotisations extraordinaires pourront aussi, par décision de l'Assemblée générale, être affectées à l'acquittement des charges désignées sous les n°s 1 et 2.

Art. 5.

L'assemblée générale décide à la majorité des trois quarts des voix représentées sur le principe, sur l'emploi et sur l'importance des cotisations extraordinaires.

Les cotisations extraordinaires portent exclusivement sur la fraction de la production de chaque mine qui dépasse le tonnage stipulé par l'assemblée générale, en appliquant un coefficient de réduction à celle des productions des trois dernières années qui a été la plus élevée. Pour l'application de ce coefficient de réduction les différents puits appartenant à un même propriétaire sont considérés comme formant un tout unique.

Dans le cas où le prélèvement de la cotisation extraordinaire est basée sur une réduction effective de production, cette réduction ne pourra, pour chaque propriétaire ou compagnie, dépasser au maximum 5 0/0 de la production de la dernière année écoulée.

Art. 6.

Sont exemptées de la cotisation en raison de l'augmentation de production :

1° Celles des mines qui ont une production annuelle de moins de 75,000 tonnes.

2° Les nouveaux sièges d'exploitation tant qu'ils n'ont pas atteint la production annuelle de 100,000 tonnes, à condition que dans l'année où a lieu l'assemblée générale le millième jour d'exploitation n'a pas été atteint.

Cependant le puits qui, pour une compagnie, aura le premier atteint le charbon, pourra développer son extraction sans aucune restriction jusqu'au millième jour d'exploitation.

Sont assimilés à des puits neufs, les anciens puits qui auront suspendu leur extraction pendant au moins mille jours consécutifs.

3° Les mines qui exportent au delà des mers ou vers l'Italie, pour les quantités qui sont extraites pour ces destinations.

Si l'extraction d'un puits est suspendue pendant plus de trente jours consécutifs ou plus ; alors le propriétaire pourra demander que, par chaque jour d'interruption de travail, il soit ajouté au tonnage annuel réel une quantité égale au tonnage moyen journalier, de façon à fixer plus équitablement le tonnage qui servira de base au calcul de la réduction de production.

Pour ceux des puits qui servent simultanément à l'extraction de la houille et du minerai de fer, une augmentation sur la houille pourra être admise en compensation d'une réduction sur le minerai.

Art. 7.

La cotisation extraordinaire peut en toutes circonstances être augmentée, et ne peut être inférieure à 2 0/0 de la valeur moyenne officiellement établie pour les charbons en vue de l'impôt dans le district de Dortmund, pendant l'année où a lieu l'assemblée générale ; cette restriction subsistera aussi longtemps que sera prélevée la double cotisation ordinaire ; cette cotisation extraordinaire ne peut pas dépasser 20 0/0 de cette valeur.

L'établissement et la perception de la cotisation extraordinaire sont basés sur les chiffres communiqués par l'administration des mines comme servant de base à l'impôt.

Les propriétaires de mines qui ne payent pas leurs cotisations dans un délai de quatre semaines doivent payer un intérêt de 5 0/0 à partir du jour de l'établissement du rôle.

Gestion.

Art. 8.

La gestion de la Caisse des mines est opérée sous la surveillance de l'Oberbergamt royal de Dortmund par un Conseil élu en assemblée générale des propriétaires, des représentants et directeurs des mines, et choisi parmi ces membres ou parmi les chefs de services des mines ; et par des employés nommés par ce conseil.

De l'assemblée générale.

Art. 9.

Les assemblées générales sont ordinaires et extraordinaires.

L'assemblée générale ordinaire a lieu tous les ans avant la fin de juin.

Les assemblées générales extraordinaires sont convoquées soit quand le conseil le juge nécessaire ; soit quand les propriétaires et représentants des mines intéressées, formant d'après le compte rendu de l'assemblée générale, au moins le quart du nombre total des voix (art. 14) proposent cette convocation avec indication précise des sujets à porter à l'ordre du jour.

Convocations.

Art. 10.

La convocation des assemblées générales a lieu, par les soins du conseil, par des circulaires portant indication de l'ordre du jour, et par publications dans les journaux désignés à cet effet.
La preuve de la convocation est faite par le récépissé de la poste.

Sujets de l'ordre du jour.

Art. 11.

L'assemblée générale doit statuer sur les sujets suivants :
1° Le choix du conseil ;
2° L'établissement du budget ; ·
3° La fixation de cotisations extraordinaires ;
4° L'aliénation des immeubles — ou la prise d'hypothèques, ou l'emploi des fonds de réserve (art. 23).
5° Les changements de statuts ;
6° La dissolution de la Caisse ;
7° Toutes les propositions qui sont mises en discussion par le conseil ou par d'autres (art. 9 et 10, al. 1).

Art. 12.

Les décisions prises dans les sujets désignés sous les n°ˢ 5 et 6 de l'article 11 doivent être soumises à l'approbation du Ministre des Travaux publics.

Participation à l'Assemblée générale.

Art. 13.

Ont droit de prendre part aux Assemblées générales les propriétaires ou leurs fondés de pouvoir pour toutes les mines actuellement en activité dans le district.

L'établissement des listes des membres et du nombre de voix auxquelles chacun a droit (art. 14) est effectué par le conseil sur le vu des documents qui lui sont communiqués par l'Oberbergamt.

Si au moment de la confection des listes, il n'existe pour une mine ni conseil d'administration, ni représentant, alors l'invitation pour l'Assemblée générale est adressée au plus fort intéressé de l'entreprise, et c'est lui qui a le droit de vote à l'Assemblée générale.

Nombre de voix.

Art. 14.

Le nombre de voix dépend, pour chaque mine, du produit total de la vente pour l'année écoulée.

Si la déclaration relative à la valeur de la production dans l'année écoulée n'est pas faite en temps voulu, le droit de vote est alors réglé sur la production de l'année précédente.

Pour la fixation de la valeur, on se basera généralement sur les déclarations faites au fisc et sur les impôts qui ont été établis en conséquence.

Si ces bases sont insuffisamment établies, la valeur de la production sera donnée par l'Oberbergamt.

Chaque mine en activité a droit, au moins, à une voix.

Si la valeur de la production d'une mine (voir les al. 1-3 du présent article) dépasse 30,000 marcs, elle a droit à autant de voix que cette somme sera contenue dans la valeur de la production déclarée. Les fractions en plus sont comptées comme des unités.

Sur le droit de vote des intéressés et sur le nombre de voix, l'Assemblée générale statue en dernière instance.

Admission des fondés de pouvoirs.

Art. 15.

Les membres peuvent se faire suppléer par des fondés de pouvoir ; mais il doit être établi des pouvoirs écrits réguliers.

Droit de statuer.

Art. 16.

L'Assemblée générale a droit de statuer, quel que soit le nombre des membres présents et des voix qu'ils représentent.

Conduite des délibérations.

Art. 17.

Les délibérations sont conduites à l'Assemblée générale par le Président du Conseil ou son suppléant.

Mode de votation.

Art. 18.

L'Assemblée générale prend ses décisions à la majorité absolue des voix. En cas d'égalité, la voix du président est prépondérante.

Pour les sujets désignés § 11, nos 3, 5 et 6, une décision n'est valable que si elle est prise au moins à la majorité des trois quarts des membres présents.

Compte rendu.

Art. 19

Il est rédigé un compte rendu des délibérations ; Il doit être signé par le président et par deux des membres présents.

Du Conseil.

Art. 20.

Le Conseil gère les biens de la Caisse minière. Il représente la Caisse dans toutes les circonstances, et spécialement dans les affaires qui, d'après les lois, exigent des pouvoirs spéciaux, soit vis-à-vis des tiers, soit vis-à-vis des autorités.

Il dirige les affaires, en tant que ces questions ne sont pas réservées par le § 11 à l'Assemblée générale, soit qu'il intervienne dans son ensemble, soit qu'il délègue des pouvoirs à un ou plusieurs de ses membres ou à des employés nommés à cet effet.

Pour légitimer ses pouvoirs, il doit produire le procès-verbal d'élection qui doit être rédigé sous forme notariée ou judiciaire.

Composition et élection du Conseil.

Art. 21.

Le Conseil se compose de neuf membres ; le même nombre de suppléants doivent être choisis de façon que chacun d'eux peut remplacer un membre quelconque du Conseil.

Chaque année, trois membres et trois suppléants sortent ;

Les deux premières années le sort décide de ceux qui sortiront.

Les membres du Conseil et leurs suppléants sont élus pour trois ans.

Si la majorité absolue, dans ces élections, n'est obtenue ni au premier tour de scrutin, ni au second ; alors pour chacun des postes restants, il y aura successivement vote de ballottage entre les deux personnes qui ont eu le plus grand nombre de voix. En cas d'égalité, le sort décide. Si un membre meurt ou donne sa démission avant l'expiration de son mandat, alors le Conseil se complète en choisissant parmi les suppléants par vote.

Le Conseil choisit dans son sein un Président et un Vice-Président.

Le Conseil peut délibérer si cinq membres ou, en cas d'empêchement, leurs suppléants sont présents. Dans les délibérations, les décisions sont prises à la majorité. La voix du Président est prépondérante. Il sera tenu un procès-verbal.

Les fonctions de membres du Conseil sont gratuites ; mais les membres sont indemnisés de leurs déboursés.

Employés.

Art. 22.

Le Conseil choisit un fondé de pouvoir et fixe ses appointements ainsi que le cautionnement qu'il devra déposer.

Si cela est nécessaire, le Conseil peut nommer des employés pour tenir les livres, gérer le bureau et s'occuper de toutes les affaires.

Comptabilité.

Art. 23.

Le fondé de pouvoir opère les encaissements et les payements de la Caisse des mines, en se basant sur un budget annuel de prévision, et tient la comptabilité sous la surveillance du Conseil.

Si les recettes de l'année ne suffisent pas pour solder les dépenses statutaires, et s'il faut par suite recourir au fonds de réserve, il faut dans ce cas, demander l'autorisation de l'Assemblée générale (§ 11, n° 4).

Le Président du Conseil ou le Vice-Président dirige et surveille le service de la Caisse.

Il donne les ordres d'encaissement et de payement au fondé de pouvoir, et vérifie la Caisse régulièrement chaque trimestre et une fois par an à l'improviste.

La vérification de la Caisse peut aussi, par décision du Conseil, être opérée par un membre du Conseil ou par un employé. Chaque année, avant le 15 février, le fondé de pouvoir doit rendre ses comptes pour l'année écoulée et présenter un état de la fortune de la Caisse.

Le Conseil vérifie la comptabilité de l'année et donne décharge au fondé de pouvoir après avoir fait ses observations.

Le rapport de gestion sera mis à la disposition de chacun des intéressés dans un local dépendant de la Caisse et porté à la connaissance du public dans deux journaux.

Le Conseil doit prendre les mesures pour assurer la sécurité de la Caisse, et pour le placement avantageux et sûr des sommes disponibles.

Contrôle de l'État.

Art. 24.

L'Oberbergamt de Dortmund a droit de surveillance sur la Caisse des mines, et nomme à cet effet un commissaire qui a droit d'assister à toutes les séances du Conseil et de l'Assemblée générale.

Le lieu et l'heure de la séance, ainsi que l'ordre du jour, doivent être communiqués au commissaire, au moins trois jours à l'avance sous peine de nullité des délibérations. Le Commissaire a le droit d'annuler, séance tenante, toute décision contraire aux statuts.

L'Oberbergamt, auquel le commissaire en aura de suite référé, doit statuer dans les dix jours sur la confirmation de l'annulation ; appel peut être interjeté au Ministre des Travaux publics.

Obligations du Conseil vis-à-vis des autorités de surveillance.

Art. 25.

Le Conseil doit à toute réquisition communiquer à l'Oberbergamt et à son commissaire le registre des procès-verbaux (§§ 19 et 21), le livre de caisse et les comptes à l'appui, et doit les autoriser à vérifier la Caisse.

Le budget dressé par l'Assemblée doit être communiqué à l'Oberbergamt avant le commencement de l'année. — Celui-ci est autorisé à rayer tout article qui ne sera pas statutaire ; contre cette mesure, il peut en être appelé pendant trois semaines au ministre des Travaux publics.

Plaintes.

Art. 26.

Les plaintes contre la gestion du Conseil doivent être adressées à l'Oberbergamt qui, sous réserve du droit d'appel dans les dix jours au Ministre des Travaux publics, devra statuer.

ANNEXE N° 3

STATUTS

DE L'ASSOCIATION POUR LA DÉFENSE DES INTÉRÊTS MINIERS DANS LE DISTRICT

DE DORTMUND.

ARTICLE PREMIER.

Sous le nom d'*Association pour la défense des intérêts miniers*, est formée une Société dont le but est d'intervenir dans toutes les questions concernant les intérêts miniers en général et spécialement dans le district de Dortmund.

ART. 2.

Toutes les Sociétés minières, toutes les Sociétés d'exploitation et tous les propriétaires de mines ont le droit de faire partie de l'Association en tant que leurs mines sont situées dans le district de Dortmund. Les mines situées en dehors du district de Dortmund ne pourront être reçues qu'après une demande spéciale et un vote du Conseil.

L'Association peut aussi nommer membres honoraires, des hommes qui se seront distingués par leurs connaissances scientifiques ou pratiques dans l'art des mines. L'élection sera faite à la majorité des trois quarts des membres présents à l'Assemblée générale.

ART. 3.

Chaque Société minière, ou chaque Société d'exploitation sera représentée à l'Association par son Conseil ou par des délégués élus ; chacun devra faire connaître nominativement les personnes auxquelles devront être adressées les communications de l'Association.

Il sera toujours permis de substituer tel membre du Conseil, ou tel employé à ceux primitivement désignés.

9

Art. 4.

Tous les ans au moins une fois, en général en novembre, mais d'ailleurs, aussi souvent que besoin sera, l'Association tiendra une Assemblée générale.

Art. 5.

Le Conseil convoque les Assemblées générales, fixe l'endroit où aura lieu la réunion, la date et l'ordre du jour.

Sur la demande d'au moins dix membres de l'Association, il est tenu de convoquer une Assemblée générale extraordinaire. Il est également tenu d'inscrire à l'ordre du jour toute proposition et tout sujet de discussion qui aura été proposé par un membre de l'Association trois jours avant l'Assemblée générale.

Les Assemblées ordinaires annuelles doivent être tenues alternativement dans une localité de l'ancien district d'Essen ou de Bochum.

Art. 6.

Le Conseil choisit le Président de l'Assemblée générale et règle l'ordre du jour.

Art. 7.

L'Assemblée générale est formée des membres du Conseil et de représentants des différentes Sociétés minières et Sociétés d'exploitation, et des différents propriétaires particuliers de mines, ainsi que des membres honoraires élus de l'Association. Cependant une personne ne peut voter au nom d'un membre de l'Association que si elle a été désignée avant le commencement de la séance.

Art. 8.

Chaque membre de l'Association possède à l'Assemblée générale autant de voix qu'il occupait de fois cinquante hommes dans l'année écoulée.

Les membres de l'Association qui occupent moins de cinquante hommes ont toujours une voix.

Art. 9.

Toutes les décisions de l'Assemblée générale sont prises à la majorité absolue des membres présents ; et, sur la demande d'un seul membre, il sera procédé au vote par appel nominal. En cas d'égalité des voix, la voix du Président est prépondérante.

Art. 10.

L'administration de l'Association et la gestion des affaires qui la concernent est remise à un Conseil composé de trente membres choisis par l'Assemblée générale ordinaire parmi ceux qui ont droit de siéger à cette Assemblée.

Les fonctions du Conseil ont une durée de trois ans.

Chaque année dix membres sont soumis à la réélection, d'après leur rang d'ancienneté. — Tant que le roulement ne sera pas établi, c'est le sort qui désignera les membres qui doivent sortir. Les membres sortants sont rééligibles. En cas de vacances en cours d'année, le Conseil se complète par lui-même en attendant le vote de la prochaine Assemblée générale.

Art. 11.

Le Conseil entretient la correspondance avec les membres de l'Association, poursuit la réalisation des décisions de l'assemblée générale et s'occupe en général de toutes les questions qui intéressent l'Association.

Il choisit parmi ses membres un Président, ainsi qu'un premier et un second Vice-Président. Les membres du bureau auxquels sont adjoints quatre assesseurs, choisis par le Conseil, forment le Comité-directeur qui a la direction des affaires de l'Association.

Le Conseil peut aussi nommer pour des buts spéciaux des Commissions choisies parmi ses membres.

Art. 12.

Le Conseil a le droit de choisir et de nommer les employés nécessaires à la bonne gestion des affaires de l'Association.

Art. 13.

Le Comité se réunit aussi souvent que nécessitent les affaires de l'Association. Le Conseil doit être convoqué au moins une fois tous les trois mois. Le Conseil décide à chaque séance l'endroit où aura lieu la prochaine réunion.

Les décisions du Conseil sont prises à la majorité absolue des membres présents. Pour qu'une décision valable puisse être prise, il faut qu'il y ait au moins dix membres présents.

En cas de doute, la voix du Président est prépondérante.

Le Conseil peut aussi convoquer à ses séances les membres honoraires de l'Association.

Art. 14.

Pour subvenir aux frais de l'Association, il sera créé une caisse de l'Association, à laquelle chaque membre participera en raison du nombre de voix qu'il possède à l'Assemblée générale conformément à l'article 8.

Le Conseil décide l'encaissement et l'emploi de cette cotisation. L'Assemblée générale décide la valeur de la cotisation annuelle et nomme chaque année une Commission de revision composée de trois membres qui contrôle la comptabilité telle qu'elle lui est soumise par le Conseil, fait ses observations et donne décharge au nom de l'Association.

Art. 15.

La nomination des membres de l'Association est faite par le Comité élu par le Conseil. Tout nouveau membre déclare accepter toutes les décisions prises par les précédentes Assemblées générales.

Tout membre qui a déclaré vouloir faire partie de l'Association peut de même se retirer à condition d'en donner avis un an à l'avance.

Art. 16.

Des modifications peuvent être apportées à ces statuts dans une Assemblée générale convoquée avec un ordre du jour spécifiant le but de la convocation, à condition d'être adoptées par les trois quarts des voix présentes.

ANNEXE 4

SYNDICAT D'EXPLOITATION POUR 1882

Les Sociétés et Compagnies de mines représentées par les soussignés, sous condition que toutes les autres mines de houille du district de Dortmund puissent y participer, s'engagent les unes vis-à-vis des autres et chacune vis-à-vis du Secrétaire général de l'Association pour la défense des intérêts miniers, docteur Natorp, à Essen ; quant à la production en 1882 de tous leurs puits situés dans le district de Dortmund, à remplir les conditions suivantes :

ARTICLE PREMIER

L'exploitation pour chacun des puits appartenant aux soussignés dans le district de Dortmund doit être réglée en sorte que la production et la vente en 1882 ne dépassent pas de plus de 5 0/0 la production et la vente en 1881.

ART. 2.

Les exploitations entreprises depuis 1870 et qui sont encore en cours d'installation pourront extraire au maximum 450 tonnes par jour.

ART. 3.

Les exploitations qui, par suite de circonstances spéciales dans leur extraction n'ont eu en 1881 qu'une production réduite, pourront s'adresser au Conseil de l'Association pour la protection des intérêts houillers, et devront se soumettre à la décision qu'il prendra relativement à leur production pour 1882.

Le tonnage qui sera éventuellement concédé à une pareille exploitation ne pourra en aucun cas dépasser de plus de 20 0/0 la production de 1881.

ART. 4.

Les puits qui, dans le courant de 1881, n'ont pas produit 50,000 tonnes pourront pousser leur production en 1882 jusqu'à ce chiffre.

Art. 5.

Les puits qui appartiennent à des usines ou laminoirs pourront répondre sans limitation aux besoins de ces établissements ; et au cas où ces établisements auraient, en 1882, des besoins moindres qu'en 1881, la différence pourra être vendue à des tiers en sus de la quantité stipulée par la présente convention.

Art. 6.

Les quantités de charbon exportées et constatées par connaissements sont à compter en dehors des quantités stipulées par la présente convention.

Art. 7.

Les déclarations de productions faites officiellement à l'Administration des Mines à Dortmund serviront de base aux calculs pour l'application de la présente convention.

Art. 8.

Chaque mine adhérente à la présente convention subira une amende de 0 m. 50 (0 fr. 625) par tonne produite en 1882 en sus de la quantité stipulée par le contrat.

Art. 9.

Toutes les amendes résultant de la présente convention seront ordonnancées au nom du docteur Natorp, avec cette condition qu'elles seront reversées par lui à celle des caisses de secours des mines (Knappchafts-Kasse) de laquelle fait partie celui qui paye l'amende. Le Conseil de l'Association pour la défense des intérêts miniers décidera, dans les limites des règlements particuliers de chaque caisse, l'usage qui sera fait de ces versements.

Art. 10.

Une Assemblée générale extraordinaire pourra décider une augmentation de production pour 1882 ; mais cette décision ne pourra cependant être prise avant le 1er juillet 1882.

La proposition de convocation d'une Assemblée générale extraordinaire devra être adressée au Conseil de l'Association pour la défense des intérêts miniers, et ne pourra être prise en considération que si elle est appuyée par 50 0/0 des voix des adhérents à la présente convention.

Une augmentation de production ne peut être décidée que par une majorité représentant au moins les trois quarts de la production totale de 1881.

Art. 11.

Le règlement de toutes les difficultés résultant de ce contrat, ainsi que les décisions relatives aux obligations de paiement, est remis, à l'exclusion de la jurisprudence ordinaire, à un tribunal arbitral de trois personnes. Deux sont désignées conformément aux articles 854 et 855 du Code de procédure civile, la troisième est nommée par le Président de l'Association pour la défense des intérêts miniers.

Art. 12.

Ce contrat ne sera définitif entre les parties que quand les adhésions reçues formeront au moins 90 0/0 de la production des mines du district de Dortmund en 1880.

ANNEXE 5

SYNDICAT D'EXPLOITATION
Du 1er juillet 1885 au 31 décembre 1886.

Essen, 27 avril 1885.

Les Sociétés ou Compagnies de mines, représentées par les soussignés, sous condition que öutes les autres mines de houilles du district de Dortmund puissent y participer, s'engagent les unes vis-à-vis des autres, et chacune vis-à-vis du Secrétaire général soussigné de l'Association pour la protection des intérêts houillers, docteur Natorp, à Essen, quant à la production en houille pour tous leurs puits du district de Dortmund pour la période du 1er juillet 1885 au 31 décembre 1886 :

ARTICLE PREMIER

Pour tous les puits de mines de houille du district de Dortmund appartenant aux soussignés est faite, pour la période du 1er juillet 1885 au 31 décembre 1886, une convention de production, en vertu de laquelle chaque puits qui, en 1884, aura produit plus de 125,000 tonnes, s'engage à produire, pendant ladite période de dix-huit mois, 5 0/0 en moins que les 3/2 de la production de 1884.

ART. 2.

Tous les puits qui, en 1884, n'ont pas produit 125,000 tonnes, sont exempts de la réduction de 5 0/0, mais s'engagent pendant les dix-huit mois ci-dessus stipulés à ne pas produire plus que les 3/2 de la production de 1884.

Les différents puits appartenant à une même Compagnie ne sont comptés que pour un seul.

ART. 3.

Les nouvelles installations de puits qui n'ont pas encore atteint leur millième jour d'extraction et ceux qui auront chômé une année ont le droit de pousser leur production annuelle jusqu'à 125,000 tonnes.

ART. 4.

Les puits qui sont la propriété d'usines sont en dehors de la convention.

La production de ces puits est mise à part, lorsqu'en application de l'article 10, on calcule les 90 0/0 de la production dont l'adhésion est nécessaire pour la conclusion de la convention.

Art. 5.

Les quantités exportées par mer et établies par connaissement sont en dehors des quantités soumises à la présente convention.

Dans cette catégorie sont mis les charbons envoyés en Italie par le Saint-Gothard.

Art. 6.

Les puits qui, en raison de certaines conditions spéciales, ne croiront pas pouvoir souscrire à toutes les clauses des présentes conventions pourront obtenir des conditions spéciales. Le droit de statuer à cet égard est remis à la Commission spéciale nommée à cet effet par le Conseil de l'Association pour la défense des intérêts miniers ; mais celles des mines qui demandent des conditions particulières devront avant tout signer un engagement par lequel elles déclarent accepter la décision de la Commission spéciale.

Art. 7.

Pour le calcul des tonnages, on s'en rapportera aux chiffres officiels de l'Administration des Mines à Dortmund.

Art. 8.

Toute mine adhérente à la convention, s'engage à payer, avant le 1er mars 1887, une amende de *2 marcs* pour chaque tonne de houille qu'elle produira, en sus de la quantité stipulée, dans la période du 1er juillet 1885 au 31 décembre 1886.

Art. 9.

Toutes les amendes seront portées au compte personnel du docteur Natorp, sous la réserve que l'emploi de ces sommes reste réservé au Conseil de l'Association pour la défense des intérêts miniers.

Art. 10.

Le droit éventuel de relever d'une certaine proportion la production de chaque puits est réservé à une Assemblée générale qui serait convoquée à cet effet, mais qui ne pourrait en aucun cas être convoquée avant le 1er octobre 1885.

La proposition de convocation d'une Assemblée générale doit être faite au Conseil de l'Association et devra réunir 50 0/0 de la production totale de 1884.

L'augmentation de production ne pourra être prononcée que par une majorité formée par les trois quarts de la production de 1884 ayant adhéré à l'Association.

Art. 11.

La solution des différends est remise à trois experts......

Art. 12.

La convention ne sera définitive que si elle groupe 90 0/0 de la production de 1884.

ANNEXE N° 6

PROJET D'UN SYNDICAT D'EXPLOITATION

(du 1er janvier 1887 au 31 décembre 1891.)

Essen, 29 janvier 1886.

Les Sociétés et Compagnies de mines (ou propriétaires de mines) représentées par les soussignés sous condition que toutes les autres mines de l'Oberbergamtsbezirk de Dortmund puissent y participer, s'engagent les unes vis-à-vis des autres, et chacune vis-à-vis du Secrétaire général soussigné de l'Association pour la protection des intérêts houillers, Doct' Natorp, à Essen, quant à la production de l'ensemble de leurs puits situés dans le district de Dortmund; cet engagement a une durée de cinq ans (1er janvier 1887 au 31 décembre 1891).

ARTICLE PREMIER.

Pour tous les puits du district de Dortmund, les exploitants s'engagent pour les cinq ans (1887-1891) aux conditions suivantes: La production et la vente, par chaque puits, pendant chacune de ces cinq années, ne dépassera pas la quantité extraite en 1886, ou les 2/3 de la production obtenue pendant les dix-huit mois (1er juillet 1885-31 décembre 1886).

ART. 2.

Tout puits qui produit moins que la quantité fixée reçoit, pour chaque année dans laquelle une pareille diminution a été réalisée, une indemnité de 50 pf. par tonne extraite en moins (0 fr. 625 par tonne).

ART. 3.

Si la production totale descend de plus 10 0/0 en dessous de la production de 1886, alors la totalité de l'allocation ne pourra en tous cas dépasser celle résultant d'une diminution de 10 0/0, et l'allocation totale sera répartie entre tous les intéressés, proportionnellement aux réductions afférentes à chacun.

ART. 4.

Les puits qui, pendant la durée du traité, auront dépassé leur production de 1886, paieron chaque année une somme de 0 m. 50 (0 fr. 625 par tonne) par tonne produite en excédent. L'augmentation qui aura motivé un paiement une année, n'entrera pas de nouveau en ligne de compte l'année suivante.

Art. 5.

La prime pour réduction de production sera payée avant tout sur les fonds provenant de l'amende imposée en raison de surproduction.

Si le montant des amendes ne suffit pas à payer les primes, il sera pourvu au manquant par un prélèvement fait sur chacun des intéressés, proportionnellement à son extraction.

Art. 6.

Est exempt de l'amende pour surproduction tout puits qui n'a pas dépassé son deux-millième jour d'extraction, aussi longtemps que sa production n'aura pas atteint 150,000 tonnes par an. Il est interdit de reporter la production déclarée d'un puits sur un autre pour éviter la clause ci-dessus.

Un puits qui sera resté hors de service pendant un an, rentre dans la catégorie des puits qui n'ont pas encore travaillé.

Art. 7.

Les mines qui appartiennent à des propriétaires d'usines ou de laminoirs ne font pas partie de l'Association.

La production de ces mines est déduite et n'entre pas en ligne de compte pour établir la proportion de 90 0/0 prévue à l'article 15.

Art. 8.

Pour établir la production moyenne d'une année future en se basant sur 1886, il sera tenu compte de toute interruption d'exploitation qui dépassera sept jours consécutifs.

Art. 9.

Toute quantité de charbon exportée par mer, reste en dehors de la présente convention, de même tout ce qui est exporté vers l'Italie par le Saint-Gothard. Le coke envoyé dans ces directions sera transformé en houille en multipliant par 3/2.

Art. 10.

L'amende de 50 pf. (0 fr. 625 par tonne) prévue à l'article 4 pourra être diminuée en cours d'exécution de la présente convention, mais pour que la proposition de modification puisse être discutée, il faut qu'elle soit présentée par un groupe représentant 25 0/0 de la production et la décision devra être prise à la majorité des trois quarts dans une Assemblée générale convoqué spécialement dans ce but. L'Assemblée générale doit être convoquée au plus tard le 1er décembre de l'année qui précède celle dans laquelle la réduction de l'amende devra être appliquée.

Art. 11.

Les quantités sur lesquelles seront basées les primes et amendes, seront fournies par l'Administration des Mines de Dortmund.

La fixation des quantités qui seront susceptibles de primes (art. 2) ou d'amendes (art. 4) aura lieu dans le cours du 2me trimestre de l'année suivante :

Art. 12.

L'excédent des recettes non employé en primes, sera mis à la disposition du docteur Natorp, secrétaire général de l'Association pour les intérêts miniers, qui en disposera d'accord avec le conseil de l'Association.

10

Art. 13.

La direction complète de la présente convention est confiée au docteur Natorp.

Art. 14.

Le jugement des contestations est remis à un tribunal d'experts composé de trois personnes le tiers expert est désigné par le Conseil de l'Association de défense des intérêts miniers.

Art. 15.

La présente convention ne liera les parties que si 90 0/0 de la production entre dans l'Association.

Art. 16.

La sortie involontaire (par faillite ou autres causes) ne délie pas des présents engagements.

(Cet engagement n'a pu réunir que 75 0/0 des intéressés et n'a pas de suite actuellement.)

ANNEXE 7

STATUTS

DU SYNDICAT DES FABRICANTS DE COKE ET DES PRODUCTEURS DE CHARBON GRAS

de l'Oberbergamtsbezirk de Dortmund.

Les sociétés des mines, compagnies par action et fabricants de coke, représentés par les soussignés s'engagent réciproquement par les présentes — sous la réserve de l'acceptation des adhésions de tous les autres producteurs de charbons gras et de tous les autres fabricants de coke du district de Dortmund et des districts voisins, qui désireraient s'unir à eux — et s'unissent pour régler entre eux les questions relatives à la production et à la vente des cokes et des charbons à coke pendant une période allant jusqu'au 1er juillet 1890, suivant les conditions ci-dessous :

ARTICLE PREMIER.

En vue de défendre utilement leur production et d'obtenir un revenu suffisant, les exploitants de houille grasse du district de Dortmund et des districts voisins et les fabricants de coke s'unissent en un syndicat qui aura pour but de régler la vente de la production totale en houilles à coke et en coke, de fixer la quantité et la répartition de la production.

ART. 2.

Les organes de ce syndicat sont :
1° L'assemblée générale des intéressés ;
2° Le Conseil d'administration ;
3° Le chargé d'affaires.

ART. 3.

L'assemblée générale est convoquée tous les trois mois par le Conseil d'administration ; elle aura, dans le courant du deuxième trimestre de l'année, à délibérer sur le choix du Conseil d'administration et sur le règlement des comptes ; dans les trois autres réunions trimestrielles, elle recevra communication d'un rapport sur la situation des affaires et votera sur les propositions du Conseil.

La convocation de l'assemblée générale a lieu par lettre.

Le nombre de voix de chaque membre à l'assemblée générale est fixé d'après le tonnage de coke et des charbons gras livrés dans le trimestre précédent ; il est accordé *une voix* par 1,000 tonnes de livraison (le tout transformé en charbon à coke, conformément à l'article 13). On compte une voix de plus pour chaque fraction de 1,000 tonnes en plus.

Pour les mines et cokeries désignées à l'article 10, le nombre de voix ne se calcule que d'après les quantités livrées à des tiers.

Chaque membre du syndicat est tenu de communiquer au chargé d'affaires, dans les huit jours de sa demande, le tonnage livré dans le trimestre écoulé, faute de quoi il perdra son droit de vote dans le trimestre suivant.

Art. 4.

Le Conseil d'administration se compose de douze membres choisis annuellement au scrutin secret.

Les membres sont rééligibles.

Si, pendant la durée de ses fonctions, l'un des membres vient à mourir, ou à donner sa démission, les membres restant ont le droit de le remplacer.

Dès que le nombre des membres élus, mais démissionnaires ou disparus atteint ou dépasse six, il doit y avoir une nouvelle élection à une assemblée générale convoquée dans le délai de quinze jours. Le Conseil d'administration choisit dans son sein un président et un vice-président.

Les membres du Conseil sont remboursés des frais résultant de leurs fonctions ; mais ne reçoivent pas d'autre indemnité.

Art. 5.

Le Conseil gère l'ensemble des affaires du Syndicat et le représente vis-à-vis des associés et des étrangers.

Il a comme fonctions essentielles :

1° De nommer, contrôler, et remplacer au besoin le chargé d'affaires et les employés ;

2° De fixer les prix de base des cokes et houilles, ainsi que les conditions des marchés ;

3° De décider les régions pour lesquelles il pourra être stipulé des prix spéciaux en raison de la concurrence étrangère ;

4° D'arrêter d'après les conditions d'offres et de demandes, les mesures obligatoires vis-à-vis de tous les membres, à prendre en vue de réduire la production et la vente des cokes et houilles à coke ;

5° De fixer et de recueillir les cotisations ;

6° De rédiger les règlements pour le personnel du Syndicat.

Pour qu'une décision du Conseil soit valable, il faut qu'elle réunisse au moins sept voix.

Art. 6.

Le chargé d'affaires dirige les affaires courantes conformément aux règlements, et gère la Caisse du Syndicat.

Les relations des membres du Syndicat avec leurs clients restent ce qu'elles étaient auparavant, sous la seule restriction qu'une affaire n'est exécutoire qu'après ratification par le chargé d'affaires du Syndicat. Tout membre du Syndicat peut demander les services du chargé d'affaires.

Pour les ventes au détail, pour la vente du petit coke et autres produits secondaires, le Conseil d'Administration fixera les règles de conduite.

Le chargé d'affaires ne peut traiter ni en son propre nom, ni au nom du Syndicat.

Art. 7.

Les membres de cette association s'engagent, dès le jour de leur entrée, à donner connaissance au Conseil de toutes les affaires conclues ; à répondre à toutes les questions relatives à leurs productions et à leurs livraisons, à communiquer à tout instant au chargé d'affaires leur correspondance et leurs livres de comptabilité, sous peine de 1,000 marcs d'amende à chaque refus.

La même peine sera encourue par celui qui trompera le chargé d'affaires.

Art. 8.

De toutes les affaires qui seront conclues après la formation du présent syndicat, et qui auront été traitées à un prix supérieur au minimum fixé, les 4/5 de l'excédent seront acquis au vendeur et 1/5 sera versé à la Caisse du Syndicat.

Les fabricants spéciaux de coke pourront déduire de cette majoration de prix, les frais réels de transports pour les houilles, sans cependant qu'ils puissent déduire plus de 1 marc par tonne.

Pour les cokes produits aux fours à boulangers, en raison des frais de fabrication plus élevés et de moindre rendement, le prix sera fixé à 15 0/0 au-dessus du minimum ; pour les gros cokes qui sont parfois vendus au commerce après avoir été concassés, en raison des frais supplémentaires de cassage et du déchet spécial, la majoration sera de 20 0/0.

Si l'encaisse du syndicat dépasse 500,000 marcs, la prochaine assemblée générale aura à statuer sur la perception ultérieure des cotisations.

Art. 9.

La réduction de la production sera fixée en tant pour cent de la production obtenue dans un des quatre derniers trimestres.

Le Conseil d'administration statue sur la quotité de fabrication qui serait allouée aux fabriques de coke qui se créeraient ultérieurement.

Si le Conseil décide qu'il y a lieu d'opérer une réduction de production, les membres du syndicat doivent faire savoir dans les huit jours dans quelle proportion ils consentent à limiter volontairement leur production.

Si l'ensemble de ces réductions volontaires n'atteint pas le total fixé par le syndicat comme réduction nécessaire, alors la différence sera à répartir également entre tous les associés. Un délai de quinze jours est accordé pour réaliser la réduction.

Tous les membres qui se seront volontairement soumis à une réduction sur la demande du Conseil, recevront pendant toute la durée de cette réduction l'indemnité qui a été stipulée.

Si l'influence des membres du syndicat ne pouvait faire accepter la réduction de la production qui pourrait être nécessaire en sus de celle arrêtée de la façon précédente, alors une indemnité prise sur la caisse commune (art. 8), sera assurée à chaque membre en raison de cette nouvelle réduction. La quotité de cette indemnité sera fixée par le Conseil ; mais ne pourra, en aucun cas, être inférieure à 10 0/0 du prix minimum de vente.

Si les fonds en caisse ne suffisent pas pour payer ces allocations, la somme manquante sera prélevée proportionnellement sur chacun des membres.

Art. 10

Les mines de charbons gras et cokeries qui appartiennent à des usines ou laminoirs, ne participent pas à l'association pour la production en coke ou en charbon qui servent à leur propre consommation. Les stipulations qui précèdent ne sont relatives qu'aux quantités excédentes qui sont livrées à des étrangers.

Art. 11.

Les cokes exportés par mer, pour les quantités portées aux connaissements, et ceux qui passent le Saint-Gothard pour aller en Italie, sont en dehors de toute stipulation de réduction (art. 9).

Art. 12.

Les membres du Syndicat qui, à l'insu du chargé d'affaires (art. 6), et, contrairement au présent accord, concluent des traités, ou qui ne se soumettent pas aux décisions du Conseil, paieront 6 marcs par tonne de coke et 4 marcs par tonne de houille qu'ils auront vendue en sus de la quantité fixée, et sans l'assentiment du chargé d'affaires.

Art. 13.

Les frais du Syndicat seront répartis entre les membres proportionnellement à la production, avec transformation de houille en coke par multiplication par le coefficient $\frac{66.66}{100}$.

Art. 14.

Toutes les décisions relatives à des contestations seront prises par un arbitrage de trois personnes. Deux seront nommées conformément aux stipulations des §§ 854 et 855 du code de procédure civile; le troisième arbitre sera nommé par le Président de l'Association pour la défense des intérêts miniers.

Art. 15.

Cette Association ne pourra pas se dissoudre avant le 1er juillet 1887. La proposition devra être introduite par au moins 25 0/0 des intéressés, et la dissolution ne pourra être prononcée par une assemblée générale, convoquée à cet effet, que si 75 0/0 des intéressés sont représentés et si la majorité des 2/3 se prononce pour la dissolution.

Si la dissolution devait avoir lieu ou si la prolongation au delà du 1er juillet 1890 ne devait pas être décidée, alors une assemblée générale convoquée à cet effet statuerait sur l'emploi du solde en caisse et sur la liquidation.

Art. 16.

Les propositions pour les modifications dans l'un quelconque des articles, à l'exception de l'article 15, peuvent être introduites par le Conseil ou par 25 0/0 des membres.

La délibération a lieu à une assemblée générale convoquée dans les quatre semaines de la demande conformément à l'article 15.

Art. 17.

La disparition involontaire d'un membre, par suite de faillite ou de décès, n'a pas d'influence sur la durée de l'Association.

Art. 18.

Cette Association ne deviendra définitive que si 85 0/0 de la production totale en charbons ou coke dans le premier trimestre 1885 y adhère, déduction faite du tonnage produit et immédiatement employé par les usines propriétaires de mines. C'est la commission nommée le 18 avril 1885 qui aura à décider au sujet de la réalisation de cette condition.

ANNEXE 8

SYNDICAT WESTPHALIEN D'EXPORTATION

POUR LA HOUILLE

EXTRAITS DU RAPPORT DE MISSION DU CAPITAINE WILMSEN

I. — Capital nécessaire pour la constitution de la Société.

1º Frais d'installation des dépôts de charbon :

	Marcs.	Marcs.
à Gibraltar	65.000	
Brindisi	16.000	
Port-Saïd	270.000	
Aden	241.000	
Colombo	34.000	
		626.000
2º Valeur du stock normal de houilles de 30,000 tonnes		793.000
3º Frais de constitution de la Société, et imprévu		81.000
TOTAL du capital de premier établissemen		1.500.000

Soit : 1,875,000 francs.

II. — Frais annuels de gestion des dépôts.

	Marcs.	Marcs.
A Gibraltar	15.500	
Brindisi	5.000	
Port-Saïd	62.000	
Aden	42.000	
Colombo	7.500	
		132.000

Soit : 165,000 francs.

III. — Prix de vente possible des charbons.

En se basant sur un prix de 12 marcs par tonne pour le charbon embarqué, et en tenant compte des frets en 1885 et de l'ensemble des frais, déchets et pertes probables, etc. (Prix en schelings.)

Pour une vente annuelle de : à	3,000 t^nes	4,000 t^nes	5,000 t^nes	10,000 t^nes	20,000 t^nes	30,000 t^nes
	Sch. d.	Sch. d.	Sch. d.	Sch. d.	Sch. d.	Sch. d.
Gibraltar	26. 6 1/2	25. 3	24. 5 1/2	22.11	»	»
Malte.	24. 7	24. 3	24 1/2	23. 9	»	»
Brindisi.	26. 8 1/2	26. 3 1/2	26 1/2	25. 6 1/2	»	»
Port-Saïd	»	»		30. 3	27. 2 3/4	26. 2 2/3
Aden	43. 5 3/4	41.11 3/4	39.10 ,2	35. 8	»	»
Colombo.	35	34. 4 1/2	34	33. 3	»	»
Singapore	»	»	34. 9	34. 4 1/2	34. 4 1/4	»

IV. — Prix comparatif de vente des charbons de Cardiff à la même époque :

	Sch. d.
Gibraltar.	19.6
Malte	21.»
Brindisi.	25.»
Port-Saïd . . . . . , ...	25.»
Aden	36.»
Colombo.	37.»
Singapore	36.»

TABLE DES MATIÈRES

         Pages

INTRODUCTION 3
Historique de l'organisation minière en Allemagne 6
Statistique de l'industrie houillère en Allemagne 8
Caisses communes des mines (Berg-Gewerkschaftskasse). 15
Association pour la défense des intérêts miniers. 25
Syndicats pour la limitation ou la réduction de la production en Westphalie. 27
Syndicat des fabricants de coke et producteurs de houilles grasses en Westphalie . . . 29
Syndicat westphalien d'exportation pour les houilles 33
Études préparatoires en vue de la formation de grandes Compagnies houillères par
    groupement des concessions actuelles en Westphalie. 39
Projet de formation d'une Compagnie commerciale de vente de la production houillère
    en Westphalie 46

Pièces justificatives

Tableaux statistiques nᵒˢ 1, 2, 3, 4 et 5 50
Loi sur l'administration des Caisses communes de mines (5 juin 1863). 55
Statuts de la Caisse des mines de Westphalie (1ᵉʳ mars 1887). 58
Statuts de l'Association pour la défense des intérêts miniers en Westphalie. 65
Syndicat d'exploitation pour 1882 68
Syndicat d'exploitation (1ᵉʳ juillet 1885-31 décembre 1886) 70
Projet de syndicat d'exploitation (1ᵉʳ janvier 1887-31 décembre 1891). 72
Syndicat des fabricants de coke et producteurs de charbons gras (1ᵉʳ juillet 1885) . . . 75
Syndicat westphalien d'exportation. 79

Planches.

         Planches.

Statistiques graphiques relatives à la production houillère . . . . I à IV
Plan représentant le projet de groupement, en une seule concession, des dix-sept
    concessions actuelles autour de Bochum V

PRODUCTION TOTALE

des principaux bassins Allemands en houille et lignite
et de la France en houille et lignite

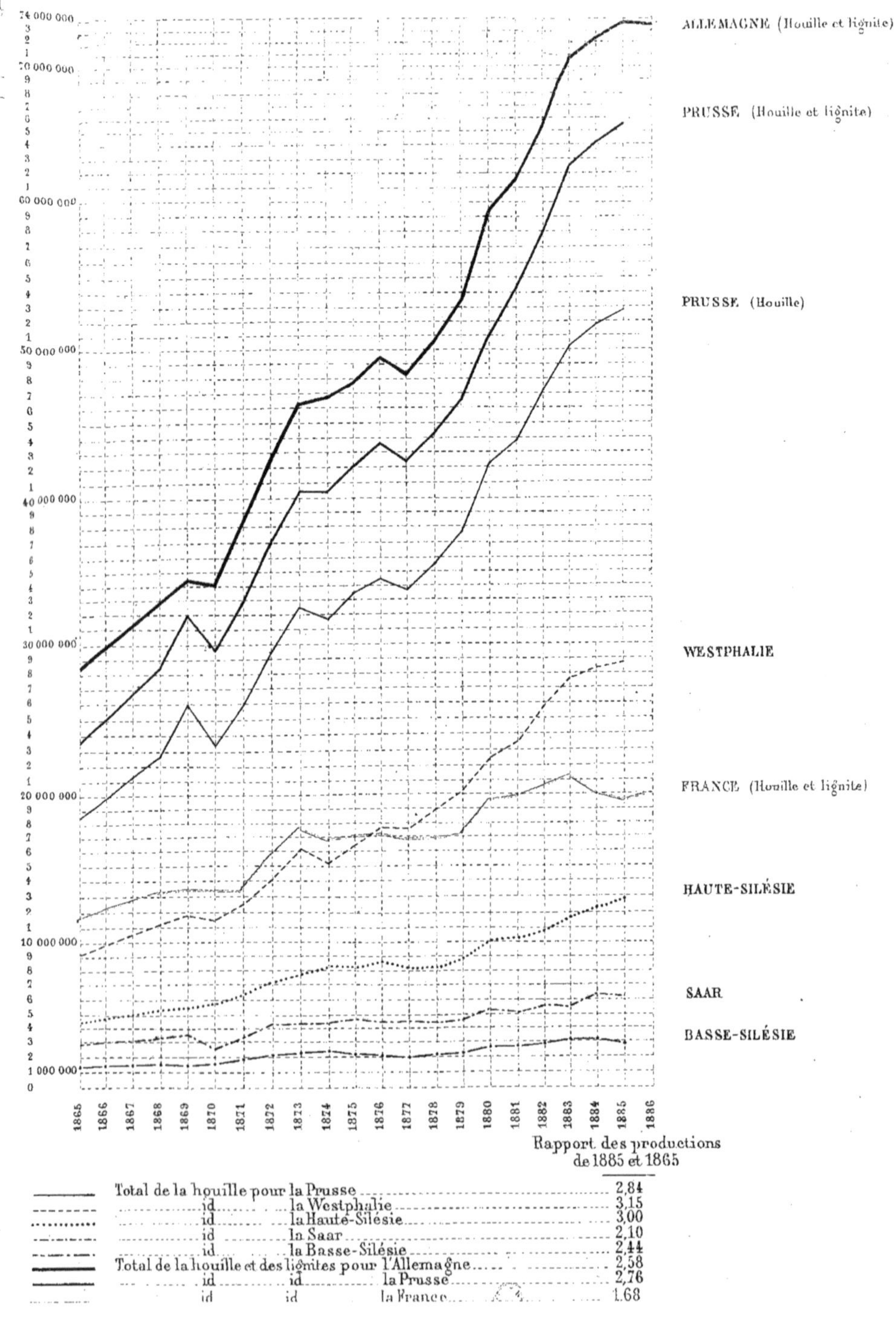

Rapport des productions
de 1885 et 1865

Total de la houille pour la Prusse		2,84
id	la Westphalie	3,15
id	la Haute-Silésie	3,00
id	la Saar	2,10
id	la Basse-Silésie	2,44
Total de la houille et des lignites pour l'Allemagne		2,58
id	id	la Prusse	2,76
id	id	la France	1.68

PRODUCTION COMPARATIVE

des différents bassins houillers Français

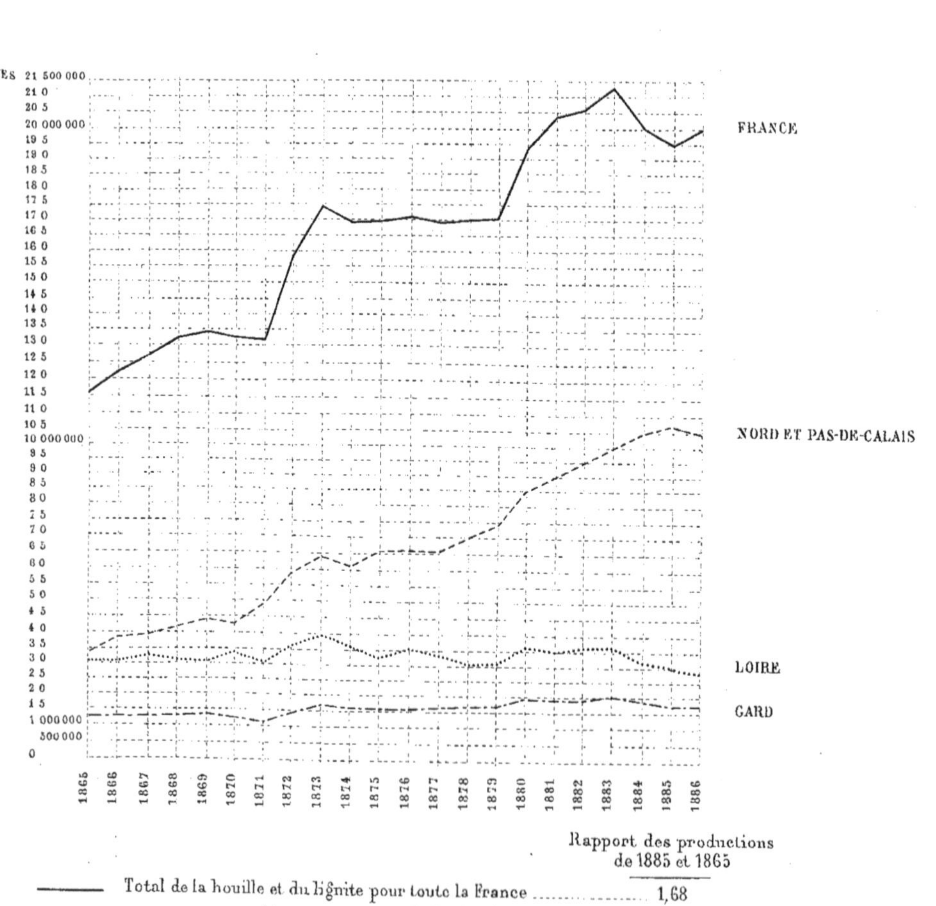

	Rapport des productions de 1885 et 1865
Total de la houille et du lignite pour toute la France	1,68
id .... le Nord et le Pas-de-Calais	2,82
id .... la Loire	0,98
id .... le Gard	1,40

Production de houille par homme et par an

Production par mine et par an

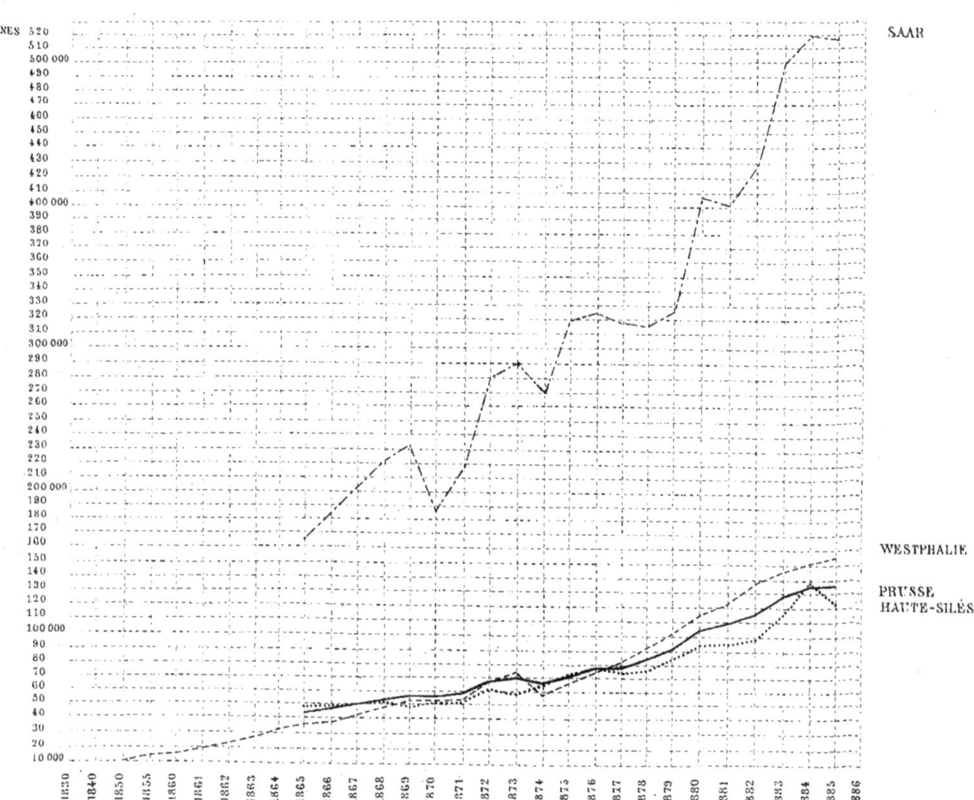

	Rapport des productions de 1885 et 1865
——— Moyenne pour toute la Prusse	3,00
- - - - - Moyenne pour la Westphalie	3,91
—·—·— id. la Saar	3,15
·········· id. la Haute-Silésie	2,58

CARTE REPRÉSENTANT LE PROJET DE FORMATION D'UNE EXPLOITATION UNIQUE
PAR LE GROUPEMENT DES 17 CONCESSIONS EXPLOITÉES SITUÉES AUTOUR DE BOCHUM
ET DES CONCESSIONS OU SURFACES INEXPLOITÉES 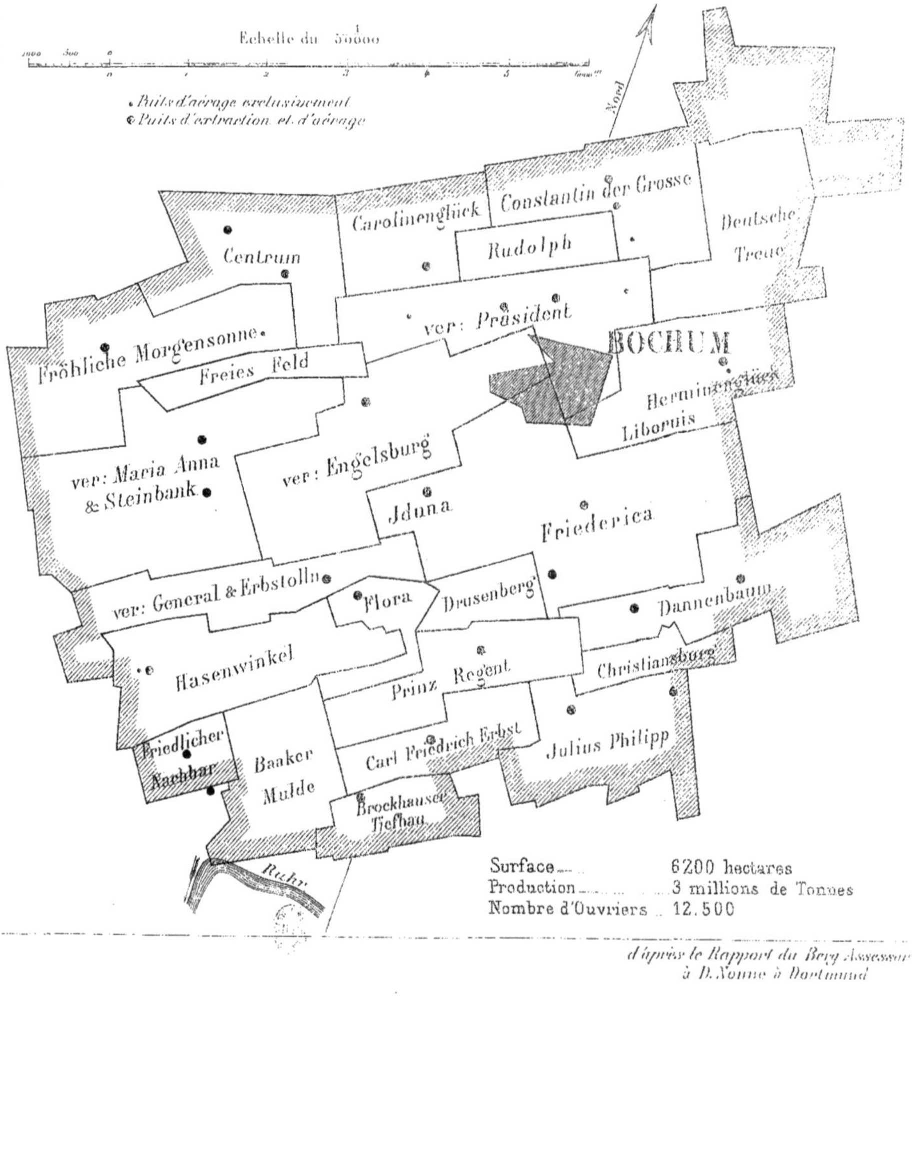
Echelle du 1/50000
Puits d'aérage exclusivement
Puits d'extraction et d'aérage
Nord
Carolinenglück
Constantin der Grosse
Centrum
Rudolph
Deutsche Treue
Fröhliche Morgensonne
ver: Präsident
Freies Feld
BOCHUM
Herminenglück
Liboruis
ver: Maria Anna
& Steinbank
ver: Engelsburg
Jduna
Friederica
ver: General & Erbstolln
Flora
Drusenberg
Dannenbaum
Hasenwinkel
Prinz Regent
Christiansburg
Friedlicher
Nachbar
Baaker
Mulde
Carl Friedrich Erbst
Julius Philipp
Brockhauser
Tiefbau
Ruhr
Surface   6200 hectares
Production   3 millions de Tonnes
Nombre d'Ouvriers 12.500
d'après le Rapport du Berg Assessor
à D. Nonne à Dortmund

www.ingramcontent.com/pod-product-compliance
Ingram Content Group UK Ltd.
Pitfield, Milton Keynes, MK11 3LW, UK
UKHW022112070726
13613UKWH00003B/1023